太湖流域水生态功能分区与质量目标管理技术示范（2008ZX07526-007）系列丛书

太湖流域水质目标管理系统设计与实现

刘高焕　刘庆生　谢传节　史 磊　等 编著

中国环境科学出版社 • 北京

图书在版编目（CIP）数据

太湖流域水质目标管理系统设计与实现/刘高焕等编著. —北京：中国环境科学出版社，2011.12

（太湖流域水生态功能分区与质量目标管理技术示范（2008ZX07526-007）系列丛书）

ISBN 978-7-5111-0767-1

Ⅰ. ①太… Ⅱ. ①刘… Ⅲ. ①太湖－流域－水质监测－自动化监测系统 Ⅳ. ①X832

中国版本图书馆 CIP 数据核字（2011）第 227853 号

审图号：GS（2012）264 号

责任编辑 刘 焱 李恩军
文字加工 袁彦婷
责任校对 尹 芳
封面设计 彭 杉

出版发行 中国环境科学出版社
（100062 北京东城区广渠门内大街 16 号）
网 址：http://www.cesp.com.cn
联系电话：010-67112765（总编室）
发行热线：010-67125803，010-67113405（传真）
印 刷 北京市联华印刷厂
经 销 各地新华书店
版 次 2012 年 2 月第 1 版
印 次 2012 年 2 月第 1 次印刷
开 本 787×1092 1/16
印 张 11.25
字 数 266 千字
定 价 33.00 元

山　东　省
江
苏
省
安
徽
江
长
省
洪泽湖
巢湖
太湖
上海市
浙　江　省
鄱阳湖
江
西
省
福　建　省
N
图例
省界
长江
湖泊
海岸线
太湖流域
0
50
100
200
300
km

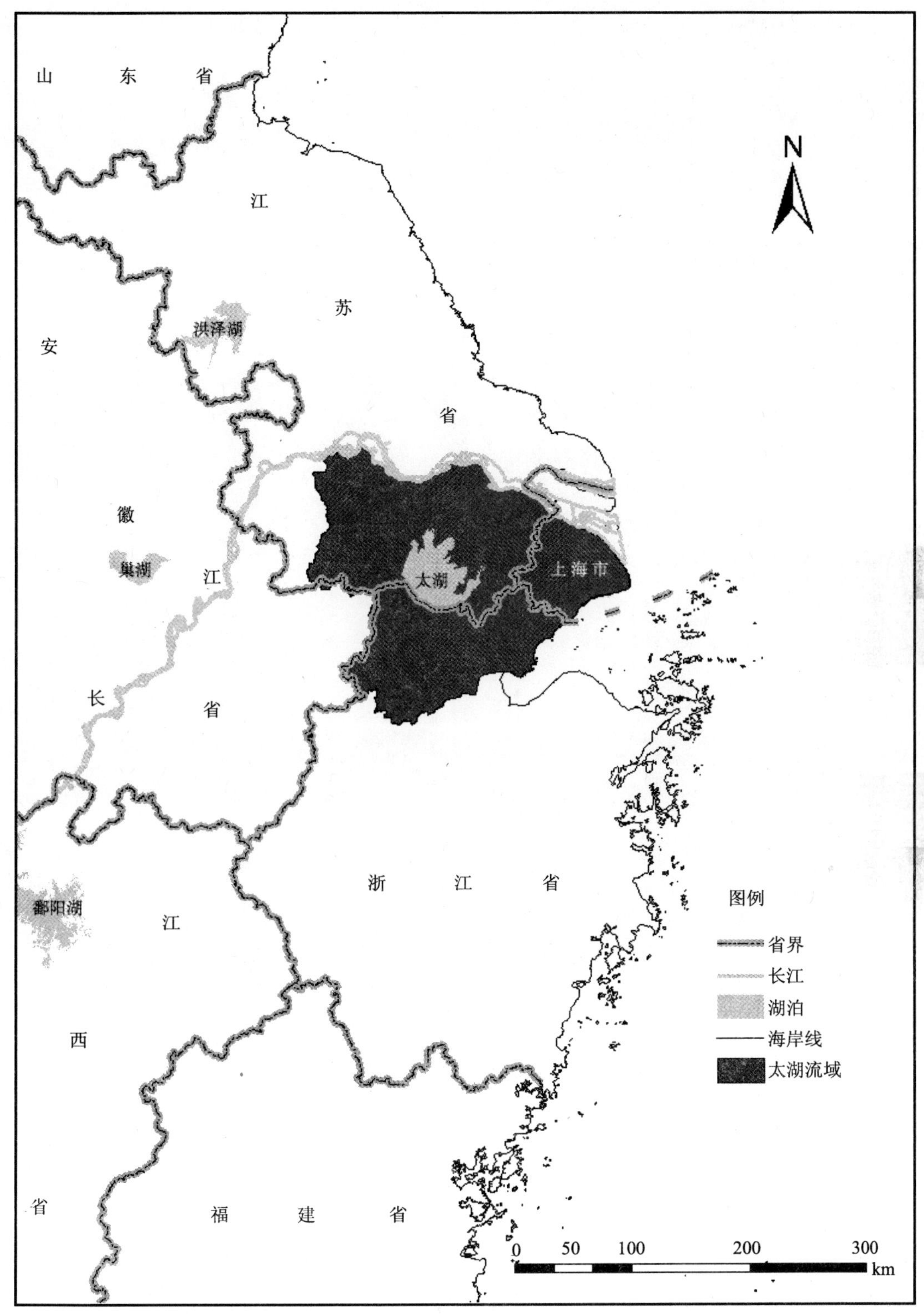

太湖流域地理位置图

序

我国长期以来面临着水体污染、水资源短缺、水生态退化和洪涝灾害等多个方面水问题的压力，而水体污染在一定程度上加剧了其他三种水问题的恶化程度，造成一些地方水质性缺水、水环境恶化、洪涝灾害损失加大等现象。虽然从中央到地方大规模开展了流域水体污染防治，取得了一些成效，但从总体上来看，我国水体污染仍将是今后相当长时期内制约经济社会可持续发展的关键因素。“水体污染控制与治理”科技重大专项（简称水专项）应运而生、适得其时。

太湖流域地理位置优越，气候宜人，自然资源丰富，历史上是著名的富庶之地，目前更是我国经济最发达、人口最密集、城市化程度最高的地区之一。但同时也必须看到，太湖流域在取得经济快速发展的同时，也付出了沉重的生态环境代价，流域生态环境问题积重难返。太湖蓝藻暴发事件的频繁发生，折射出太湖水生态系统健康状况的衰退。据2011年5月公布的《2010年江苏省环境状况公报》，太湖湖体高锰酸盐指数和总磷分别达到Ⅲ类、Ⅳ类标准限值要求，受总氮指标影响全湖总体水质仍劣于Ⅴ类标准；太湖湖体综合营养状态指数为58.5，仍呈富营养化水平；太湖15条主要入湖河流中，有4条河流平均水质符合Ⅲ类标准，1条河流水质劣于Ⅴ类标准，其余处于Ⅳ类和Ⅴ类。

国家对太湖流域的水环境问题一直十分重视，将太湖治理列为国家“三江三湖”重点治理计划，先后实施了太湖水污染防治“十五”计划和“十一五”计划。太湖流域各级政府也十分关注流域的水环境问题，出台了一系列水环境管理政策，相继开展了生态省市建设、流域污染控制、节能减排、湖泊生态治理工程等，并实施了较为严格的污染排放限制。然而，太湖流域的水环境问题并没有得到有效解决，太湖水体环境质量也未得到根本性改变。原因是多方面的，其中现行的总量控制制度在具体应用中存在的污染控制与水生态保护相脱节、排放达标控制与环境质量达标相脱节、以行政区为单元的环境功能区划分与流域水污染调控相脱节等无疑是很重要的方面。因此，在借鉴国外水环境管理先进理念和方法的基础上，探索建立一套适合于我国国情、科学合理的水质目标管理技术体系并进行示范应用，对于太湖流域水生态系统健康和水环境质量改善具有重要意义。

由中国科学院地理科学与资源研究所牵头并联合中国科学院南京地理与湖泊研究所、江苏省环境科学研究院、浙江省环境保护科学与设计研究院、中国人民大学、常州市环保局、宜兴市环保局、湖州市环保局等单位承担的“太湖流域水生态功能分区与质量目标管理技术示范”课题（2008ZX07526-007），作为水专项首批启动的课题之一，便是面向太湖流域水环境管理工作的实际需求而设立的。课题旨在构建面向水生态系统健康的新型水环境管理技术体系，从而实现太湖流域水环境管理工作的开拓与创新，并确保太湖流域污染物减排目标的顺利实现。

自课题启动以来，课题组在太湖流域开展了大量实地调查工作，如土地利用遥感解译、水生态系统调查、水环境质量监测、社会经济调查等，并取得了一系列具有创新性、前瞻性和可操作性的研究成果。首次提出了湖泊型流域水生态功能区划分的理论和技术体系，并完成了太湖流域水生态功能三级分区划分方案；首次提出了湖泊型流域控制单元划分的原则、思路、指标和方法，完成了太湖流域控制单元的划分；首次提出了太湖流域基于控制单元的水质目标管理技术体系框架（TMML），开发了太湖流域水质目标管理系统，编写了指导手册，并在典型区进行了示范应用。这套《太湖流域水生态功能分区与质量目标管理技术示范（2008ZX07526-007）系列丛书》正是这个团队所取得成果的集中体现。

必须承认，太湖流域水环境质量的根本改善是一项长期而艰巨的任务，不可能一蹴而就，需要多学科和社会各方力量的共同努力，该课题组的工作虽然取得了一系列创新性成果，但无论从理论研究还是应用示范，仍需要不断的改进与完善。相信他们的成果对于我国水环境管理，特别是太湖流域水质目标管理将起到有力的推动作用，对于我国水环境管理体制与机制的创新和水环境质量的根本好转也将发挥重要的作用。

中国工程院院士

2012年2月18日

前　言

太湖流域自古以来就是我国人口和城镇最为密集的地区之一，同时也是我国经济发达地区之一。随着经济发展和人们生活水平的提高，太湖流域不少地区的污染物排放量已明显超过水环境容量和生态承载能力，水域富营养化情况日益严重。最近几年太湖蓝藻频发，造成了生态系统的严重破坏和环境质量的下降，水资源短缺及水污染已严重影响整个流域的可持续发展，并对人们的身体健康造成潜在危害。加之太湖流域还存在洪水危险，迫切需要从流域全局进行水资源管理、水环境监测和按控制单元进行水质目标管理。

2008年国家开始实施“国家水体污染控制与治理科技重大专项”计划，提出了“分类、分区、分级、分期”控制模式，我们拟在此基础上建立一个基于控制单元的日最大负荷（TMDL）技术体系，完成太湖等流域水质目标管理与排污许可证实施示范。正是在这种背景下，针对太湖流域快速发展的社会经济状况，平原河网区水文水质模拟的复杂性，建立以流域综合数据库、分布式数据网络发布和共享平台为基础的水质目标管理信息系统，实现基于控制单元的TMDL水质目标总量控制，本系统的建立是决定太湖流域水污染防控与治理成功与否的关键。

本书由国家水体污染控制与治理科技重大专项监控预警主题07526项目太湖流域水生态功能分区与质量目标管理技术示范课题资助，其编辑出版得到课题组各单位研究人员的大力支持，编者的意图在于抛砖引玉，推动我国流域水质TMDL管理技术的系统实现。

全书共分7章，研究内容涉及流域综合数据库设计、水质目标管理系统设计、水环境模型的综合集成（水环境功能评估、水环境容量计算、污染负荷计算、污染分配等）、按照月最大负荷（TMML）技术流程进行的系统开发和基于TMML的水质目标管理系统的案例分析，可供环保、遥感、地理信息系统、地理、生态、水文等相关专业的科研人员、教师及研究生等阅读参考，也可供流域管理相关业务部门专业工作者在日常工作中借鉴。

编　者

2011年8月于北京

目　录

1 绪 论

1.1 太湖流域水质目标管理系统的意义与作用

1.1.1 太湖流域水质目标管理存在的问题

太湖流域属水质型缺水区。针对太湖的水环境监测，历来备受各级环保部门的高度重视，因此，长期以来，积累了大量关于污染源、水质监测、环境质量、生态背景、经济发展等方面的指标和数据。随着计算机、网络、遥感（RS）和地理信息系统（GIS）（陈述彭等，2000）等技术在水环境管理、监测与评价应用中的不断深入，国内大专院校、科研院所依据建设目标、各自的研发能力和数据积累构建了许多关于太湖流域水资源管理、水质监测与评价等方面的系统。目前，太湖流域管理局正在组织拟建太湖流域水资源管理系统、太湖流域水资源综合利用信息管理系统、太湖流域水资源监控与保护预警系统等。这些系统的建设和投入使用大大提高了太湖流域水资源管理、水环境监测与评价工作的水平，为太湖流域污染综合治理提供了科学依据。

尽管我国从 20 世纪 70 年代就开始在太湖流域（朱兴东等，2007）、滇池（杨文龙，2002）等地对水资源污染作了研究，也取得了一些有意义的研究成果，但由于对其危害性认识不足，对水资源污染的研究工作始终不够深入。在全国范围内，尚未摸清污染在水域污染中的份额、基本机理及规律，使政府在污染防治规划的确立，政策、措施和管理机制的制定上缺乏必要的科学依据。特别是在我国的太湖流域，对水资源污染的研究还是以调查统计为基础的经验公式估算的方法为主，对水资源污染产生机理过程研究却很少。另外，在太湖流域水质及生态环境监测方面也有人进行了大量研究，加深了对流域水资源污染产生机理和卫星遥感监测太湖水质机理的了解，获得了许多经验、半经验水质预测公式，取得了一定的监测效果和经济效益。但这些工作大部分都是针对太湖湖区的，而不是面向整个流域，没有从流域生态系统完整性角度出发；大部分研究多停留在某个时段，而不是动态的，时效性和准确性受到了影响；大部分研究没考虑多尺度遥感数据的应用，缺少了应急和常规使用的灵活性，阻碍了研究成果的快速实用化、业务化。所建立的太湖流域系统，数量多，但太分散，缺少有效的集成；多侧重于常规水质监测数据、基础地理数据的管理、组织和使用，缺少空间数据、遥感数据、监测数据、社会经济数据的综合使用，缺少空间统计、模型方法的有机结合；多侧重于太湖湖区的水质监测评价，而忽视流域自然地理环境、生态系统完整性、农业非点源污染、水质目标控制单元等对太湖流域水污染防治和水生态环境保护至关重要的影响因素；多数系统并没有真正将遥感和地理信息数据与地面监测数据有机结合起来使用。

针对这种情况，整合和集成太湖流域多元数据和各类水文、水质和生态模型，建立全流域共享的综合数据库和水质目标管理信息系统势在必行。

1.1.2　太湖流域水质目标管理信息系统建设的意义与作用

太湖流域自古以来就是我国人口和城镇最为密集的地区之一，同时也是我国经济发达地区之一。随着经济的发展和人们生活水平的提高，太湖流域不少地区（毛晓文，2005）污染物排放量已明显超过水环境的生态承载能力，水域富营养化情况也日益严重，太湖全湖处于中-富营养化状态，最近几年太湖蓝藻频发，造成了生态系统的严重破坏和环境质量的下降，产生了水资源短缺，太湖的水质污染目前已严重影响整个流域的可持续发展（吴承业等，2005），并对人们的身体健康造成潜在的危害。加之太湖流域还存在的洪水危险，迫切需要从流域全局进行水资源管理、水环境监测和按控制单元进行水质目标管理，从流域生态系统完整性和水质目标控制单元角度，形成对太湖流域水环境的准确、科学的数据信息发布、共享和环保宣传。依托于海量的空间数据、监测数据、遥感数据和社会经济统计数据的综合管理和分析，这就必须依赖于高效集成的 GIS（何进朝等，2004）和 RS 系统来完成。尽管目前关于太湖和太湖流域水资源和水环境监测与评价有很多的系统，也取得了一定的成果和经济效益，但或多或少都存在这样或那样的不足，还不能完全满足以上要求，因此构建流域“水生态功能分区-污染物总量动态控制-排污许可-排放标准”的太湖流域水质目标管理信息系统（刘木生等，2008），实现流域可持续发展具有重要的现实意义。

1.2　流域水质目标管理系统现状

流域水质目标管理的实施需要众多专业模型（李本纲等，2003）的支持，相当复杂，需要对相关模型、参数进行有效集成才能辅助流域水质目标的管理。目前，应用最广、相对成熟的流域水质目标管理系统主要有 SWAT（Soil and Water Assessment Tool）和 BASINS（Better Assessment Science Integrating Point and Non-point Sources）。美国许多州已利用 SWAT 和 BASINS 对各自行政区域内的受损水体实施了水质目标管理计划，1996—2006 年已达 2.2 万多个。一些案例表明，流域水质目标管理对于改善水体质量是行之有效的。

1.2.1　SWAT 2005

由美国农业部开发的 SWAT（Soil and Water Assessment Tool）模型是众多水文模型中一种适用性强的模型。它适用于具有不同土壤类型、不同土地利用方式和管理条件下的复杂的大流域，并能在资料缺乏的地区建模，是一个基于物理过程、用来模拟连续时间序列的分布式流域尺度水文模型。SWAT 模型考虑了气象、地形、植被、土壤、人为活动因素等对水循环及水量平衡的影响，模拟区域内降水、径流、蒸散、水库用水、地下水等水文要素，能够对区域内的气象、植被、人为活动的改变对水循环的影响做出预测。模型由多个数学方程、多个中间变量组成，能够利用 GIS 和 RS 提供的空间数据信息。

从建模技术看，SWAT 模型属于松散耦合型分布式水文模型，即在每一个网格单元（或子流域）上应用传统的概念性模型来推求净雨流量，再进行汇流演算，最后求得出口断面流量；从模型结构看，SWAT 采用先进的模块化设计思路，水循环的每一个环节对应一个子模块，十分方便模型的扩展和应用；在运行方式上，SWAT 采用独特的命令代码控制方式，用来控制水流在子流域间和河网中的演进过程，这种控制方式使得添加水库的调蓄作用变得异常简单。

SWAT 模拟的流域水文过程分为水循环的陆面部分（产流和坡面汇流部分）和水循环的水面部分（河道汇流部分）。前者控制每个子流域内主河道的水、泥沙、营养物质和化学物质等的输入量；后者决定水、泥沙等物质从河网向流域出口的输移运动。SWAT 具体计算涉及地表径流、土壤水、地下水以及河道汇流。降雨径流过程（水文过程）、侵蚀过程和污染物的迁移转化过程是决定非点源（Bouraoui F.等，1997）污染特征的 3 个主要过程，因此通常非点源模型由水文子模型、土壤侵蚀子模型和污染物迁移转化子模型构成。可同时进行流域的水文过程、水土流失、化学过程、农业管理措施和生物量的模拟。

总体结构如图 1-1。

美国最大日负荷总量（Total Maximum Daily Loads，TMDL）计划（CHO I J Y 等，2002；Joseph V DePinto 等，2004）（邢乃春等，2005）属于国际上水质管理较先进的措施之一。TMDL 计划的核心思想是指在满足水质标准的条件下，水体能够接受的某种污染物的最大日负荷总量。TMDL 计划的目标之一就是将可分配的污染负荷分配到各个污染源，包括点源和非点源（DennisL，Corwin 等，1998），同时考虑季节变化和安全边际，从而采取适当的污染控制措施来保证目标水体达到相应的水质标准（林巍等，1997）。美国环保署将 SWAT 模型作为其 TMDL 计划的首选模型。

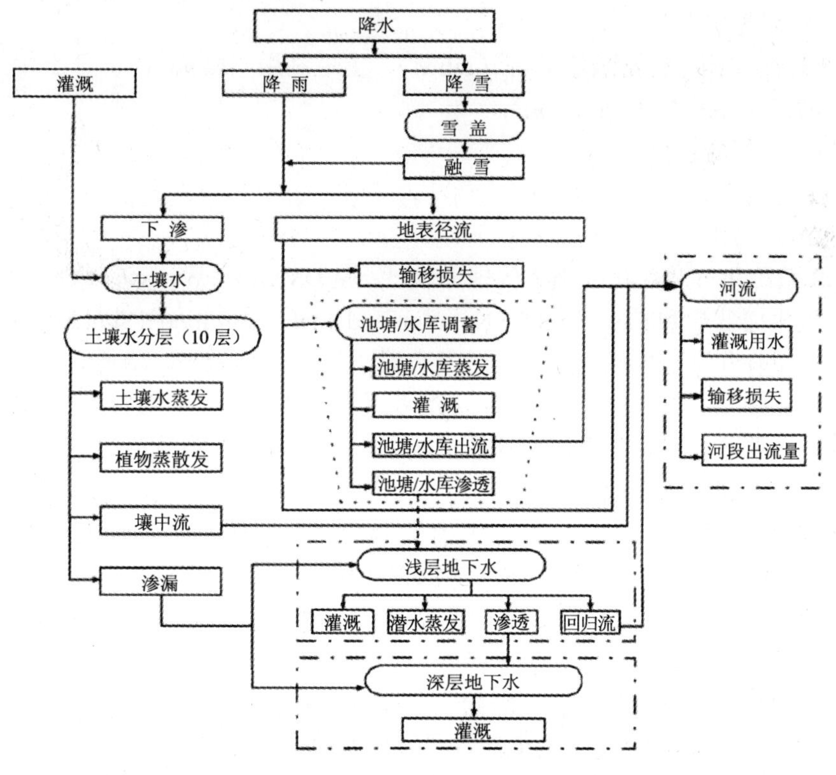

图 1-1 SWAT 总体结构图

SWAT 模型能够响应降水、蒸发等气候因素和下垫面因素的空间变化以及人类活动对流域水文循环的影响，适用于具有不同土壤类型、不同土地利用/土地覆被方式和管理条件下的复杂大流域。鉴于此，以径流变化为纽带、利用 GIS 和 RS 技术手段研究下垫面变化太湖流域水文循环要素演化的影响机制。通过对不同生态环境、经济情景的设定及对各种情景下的水文响应进行模拟分析，探究实现对于非点源污染的有效治理和控制与经济增长双赢的科学有效途径。

1.2.2 BASINS 4.0

BASINS 系统（Better Assessment Science Integrating Point and Non-point Sources）由美国环保局（USEPA）组织开发完成。它以 ArcView 软件为平台，将各种水文模型镶嵌其中，从而构架成一种基于 GIS 和多种内嵌水文模型的流域环境规划管理系统。

BASINS 系统是一种优异的整合式系统，通过将集水区数据及评估工具整合于 ArcView 框架内，成功克服了各水文模型独自运算时，手动量算空间属性数据，用 ASCⅡ码编辑输入，以不同的工具进行数据准备、信息分析、结果输出、模拟评估导致数据无统一格式，缺乏整合性等缺陷，提高了数据处理精确性及效率。

BASINS 4.0 系统包括一系列分析组件：

1）数据提取（Data Extraction）工具和方案定制（Project Builders）工具；

2）评价工具，包括污染控制目标分析（Target）、科学评价（Assess）和数据挖掘（Data Mining）；

3）流域边界划定工具；

4）数据管理工具，包括数字高程（DEM）、土地利用（Land Use）、土壤（Soils）和水质观测（Water Quality Observation）；

5）流域特征报告；

6）HSPF 模型；

7）PLOAD 模型。

BASINS 系统具有两项功能强大的辅助软件：WDMUtil（Watershed Data Management Utility）“天气生成器”和 GenScn（GENeration and analysis of model simulation SCeNarios）“模拟分析器”。前者能切割或合并不同时段数据，并集合了 Perman、Jensen、Hamon 等经验公式，是理想的时间序列制作工具和集水数据生成工具；后者可直接加载 DEM、LUCC、Soil 数据的叠加成果，调入各个模型的模拟结果，为模拟值与观测值的比较、分析提供了直观、快捷、准确和图示化的手段。

1.2.2.1 GENSCN 模型

GENSCN 模型是一种嵌套在 BASINS 4.0 系统中，用于管理分析模拟观测结果的统计分析工具。在 GENSCN 模型开发之前，运用水文模型包括运用文字编辑器构建数据输入序列，描述流域的物理机理和水文管理特性。当模拟水文水量时，流域背景复杂，输入数据序列经常有数千列长，变化过程在时间上复杂。此外，在多种区域中，为了分析几个独立要素、几种水文模型运行结果，需要手动进行各种情景的烦琐冗长的时间序列数据调试，同时，为保持数据明确性，分析者经常要重新定义结果，利用独立程序去分析结果和准备所需图表。数据运算的程序复杂、耗费时间，而且受主观因素影响，精度较低。GENSCN 的开发使水文模型输入序列变得更容易，构建及输入输出时间序列更容易分析。GENSCN

交互式提供改变输入序列的能力，运行水文模型，观察绘图形式的结果。在 BASINS4.0 系统中将 GENSCN 分析工具镶嵌链接在一个指令包中，利用同一个数据库，从而分类统计不同情景得出的模拟结果。

1.2.2.2 HSPF 模型

HSPF（Hydrologic Simulate Program-FORTRAN），全称水文模拟模型，由美国环保局与 Hydrocomp 公司共同开发，集水文、水力、水质模拟于一体，对透水地面、不透水地面以及河流水库的水文水质过程进行模拟。HSPF 模型是目前综合模拟径流、土壤流失、污染物传输、河道水力等过程，以及水温、泥沙传输、营养物和化学物相互反应的八个方面非点源污染模拟模型之一。

HSPF 模型是在斯坦福水文模型的基础上开发的，在使用过程中不断加工修改而逐步完善，成为综合性流域模型的典范之作。HSPF 模型采用标准的 Fortran 语言编写，能够运行水文模拟程序（HSP）、农业径流管理模型（ARM）和非点源污染负荷模型（NPS）的所有函数，在一定程度上克服了大部分模型在数据管理和模型兼容性方面存在的许多缺陷，便于维护和修改数据。1996 年 HSPF 模型被整合到点源-非点源综合评估模型 BASINS 系统里面，利用 ArcView 软件对空间数据的存储和处理能力，自动提取模拟区域所需要的地形、地貌、土地利用、土壤、植被、河流等数据，进行水量和水质的长时间连续模拟。实现对径流量和泥沙、BOD、氮、磷、农药等污染物的迁移转化和负荷的连续模拟。但该模型对输入数据的要求很高，增加了应用的成本。

HSPF 水文模拟流程见图 1-2。

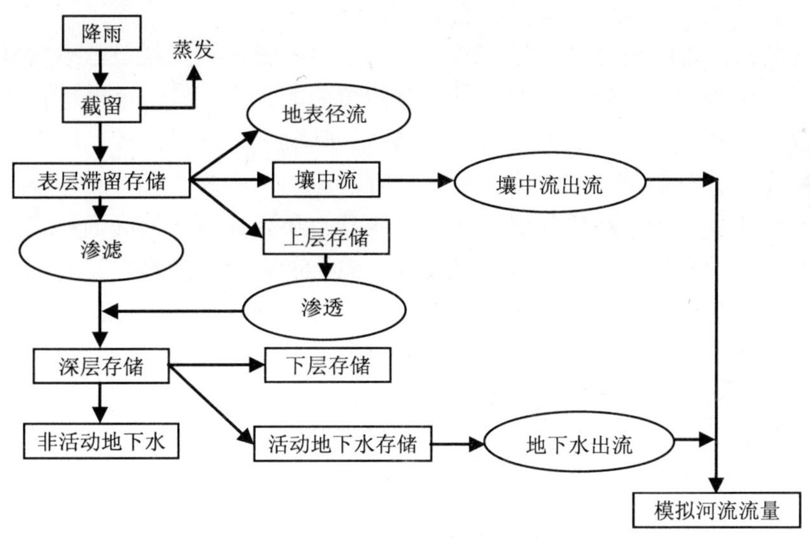

图 1-2 HSPF 水文模拟流程

1.2.2.3 PLOAD 模型

PLOAD 模型由美国 CH2M HILL 水资源工程小组开发，所需的基本资料为：数字高程模型 DEM、流域数字河网、土地利用、降雨径流时各种土地利用类型的非点源产污浓度等。

SWAT 模型能够模拟复杂的大流域中多种不同的水文物理过程。主要用于模拟预测各种管理措施及气候变化对水资源供给的影响，评价流域面源污染等，SWAT 模型主要模拟农业占主导地位的流域。HSPF 模型是集水量和水质连续模拟为一体的模型，主要用于农村和城市混合流域中沉积物和营养物质 TMDL 的长期连续模拟。SWAT 和 HSPF 模型属于时间连续性模型，HSPF 模型虽然时间连续但缺乏空间的详细描述；SWAT 模型可以弥补这一不足，但同时需要大量的参数；BASINS 模型是美国环保局（USEPA）用于流域环境管理与规划的模型系统，可对多种尺度不同污染物的点源和非点源进行综合分析。

1.2.3 国内的现状

我国环境经济政策始于 20 世纪 70 年代，对水质目标管理系统的研究起步较晚。1978 年实施排污收费，目前水污染防治（刘书俊等，2005）的环境经济政策包括超标排污费、污水排污费、水处理设施有偿使用费、污水处理费、生态环境补偿费、矿产资源税和补偿费、综合利用税收优惠保证金、治理设施运行保证金、废物交换市场、废物回收押金环保投资渠道、补贴等。尽管有上述经济政策，但实际上排污收费制度仍然是主要手段，其他经济政策在全国范围内的应用还相对比较薄弱，一些环境经济政策虽然有政策性规定，但由于没有配套措施，并没有发挥出应有的作用。例如，中央银行在 1995 年就制定了要求各级金融机构“不符合环境保护规定的项目不贷款的政策，但由于没有相关的配套措施，该项环境经济政策并没有得到很好地实施；其他的如生态环境补偿费、废物加收押金制度、环境资源核算污染责任保障（孟伟等，2004）等，也是处于起步阶段，而环境税收政策才进入政策设计阶段。总之，我国水污染防治的环境经济政策总体状况尚属落后。

我国水污染防治的环境经济政策主要存在以下不足：

（1）我国的水污染防治的环境经济政策与水质目标管理相互脱节。水质目标管理的核心是依据水质目标确定环境容量，并且进行排污负荷的优化配置，该过程实质就是排污权的确定，是建立在基于市场机制的经济政策体系的基础之上的。因此，环境经济政策与水质目标管理是不可分割的整体，水质目标是经济政策的核心与基础，而环境经济政策则是水质目标实现的重要手段，环境经济政策应围绕着水质目标这一核心而制定。然而，如果没有紧密围绕水质目标制定和设计经济政策，必然不能有效支持水质目标的顺利实现，实施的环境经济政策也缺乏系统性和关联性。

（2）我国目前尚未形成针对不同类型污染源的环境经济政策体系。事实上，流域水污染问题的产生是由多种污染源共同作用而形成的，一个完整的环境经济政策体系应该包括针对各种污染源的经济手段。对于生活污染源而言，虽然我国正在实施生活污水处理收费制度，但是普遍存在收费偏低问题，同时由于缺乏税收、信贷等配套的经济政策，最终导致城市污水处理厂的建设与运行不良；在工业污染源控制方面，虽然国家环境保护总局于 2003 年公布了新的排污收费标准，并且收费方式在调节水污染防治与企业发展、居民用水，以及筹集资金方面发挥了巨大的作用，但仍然存在收费标准偏低问题；在农业非点源控制方面，国家对于生态农业的补贴、信贷等措施刚刚起步，农村生活污水处理的投资严重不足，缺乏有效的融资手段。

（3）我国水污染防治的环境经济政策中的排污权、事权尚不明晰。水环境作为一种稀缺资源，排污权是在满足水环境要求的条件下建立的水污染物排放的合法权利，这种权利以排污许可证的形式出现，排污权的有偿取得是解决当前环境容量资源无偿或低价使用的重要手段。因此，排污权如得不到明确界定，环境资源的利用就很难保证公平、有效。同时，由于上下游事权不清晰、政府与企业事权不清晰、中央政府和地方政府事权不清晰等，影响了财政资金投入和使用，而这些又与转移支付等交织在一起，使得政府财政资金尤其是中央政府财政资金投入的目的性和效率受到明显影响。

（4）我国尚未建立有效的流域上下游的生态补偿与污染赔偿机制。我国现行的解决跨界冲突的方法，基本上是基于行政办法为主的规制手段，缺乏环境维护与污染治理责任及费用的分担机制，流域上游普遍面临生态恶化与贫困落后双重困境，而多年来对流域上游地区的生态环境保护与治理“重视有余、投入不足”，流域上下游间的经济发展和生态保护责任的公平性没有得到有效体现。

1.3 TMDL 技术体系

TMDL（Total Maximum Daily Loads）为最大日负荷总量，是在满足水质标准的条件下，水体能够接受的某种污染物的最大日负荷量。TMDL 计划由美国环保局于 1972 年《清洁水法》中提出（杨龙等，2008），该计划的目标之一就是将可分配的污染负荷分配到各个污染源（包括点源和非点源），同时要考虑安全临界值和季节性变化，从而采取适当的污染控制措施来保证目标水体达到相应的水质标准。

1.3.1 TMDL 提出背景

美国曾经对全国的水质进行了一次大范围的调查和评估。结果表明，约有 40%的被评估水体的水质没有达到州、领地和部族所规定的水质标准。这些水体包括河流的部分河段、湖泊以及河口等，主要污染原因是沉积物、富营养化以及有毒微生物。在这种情况下，为了能有效改善污染水体的水质，使受污染威胁的水体摆脱污染威胁，1972 年美国颁布实施了《清洁水法》。

《清洁水法》303（d）条款对美国各个州的水域水体的水质标准和相应的 TMDL 计划的制定和实施都做了具体的规定。目前 EPA（美国环保局）法规要求各州、领地及部族每两天必须向 EPA 汇报当地水体的整体卫生情况及水体是否达到了水质标准。如果采用了最优的水处理技术，仍然没有达到相应的水质标准，EPA 则要求州、领地和部族对这类水体制订并实施 TMDL 计划。

1.3.2 发展进程及实施现状

1972 年《清洁水法》303（d）条款要求州、领地和部族将受污染的水体按优先治理顺序列成水体清单。清单内容包括受污染或受污染威胁的水体名称、主要污染物、污染程度、污染范围等，并针对这些水体制订 TMDL 计划。为了更有效地指导 TMDL 计划的制订和实施，EPA 于 1985 年颁布了关于 TMDL 计划的具体细则，EPA 于 1991 年开始，依据《清洁水法》303（d）条款的要求对各州 EPA 的执行情况进行全面评价。针对这次评价中发现的 TMDL 计划的一些新问题，1992 年对细则进行了修改。1997 年对 TMDL 计划进行了详细的指导性说明，并于当年 8 月出版了指南书。这个指南书指出了当前开发该计划时所产生的问题。根据这些问题，EPA 在联邦顾问委员会法案授权下组成了一个委员会。这个委员会是由不同背景的多个委员组成，包括工业、农业、森林、环境方面的专家和州、领地及部族的政府官员。根据该委员会建议，EPA 在 1999 年 8 月起草了 TMDL 的新法则，并于 2000 年 7 月 13 日颁布。

美国许多州已对受损水体实施了 TMDL 计划，EPA 为了进一步提高国家的水体质量，不断地努力改善 TMDL 计划。在 2003 年和 2004 年，被批准或实施的 TMDL 计划超过 5 300 个。新批准的 TMDL 计划也呈不断上升趋势，从 1996 年的 143 个上升到 2004 年的 2 657 个。一些案例表明，TMDL 计划对于改善水体质量是行之有效的。

1.3.3 TMDL 计划的主要组成部分

1.3.3.1 问题的识别

根据《清洁水法》规定，州、领地和部族必须对受污染物损害和威胁的水体列出清单。这个清单是由需要实施 TMDL 计划的水体所组成，清单每 2 年更新 1 次。通常情况下，州、领地和部族在每偶数年 4 月 1 日提交水体的清单，但 TMDL 计划最后规则中修改为每 4 年提交 1 次清单。清单内容包括新增加的目标水体和去除的目标水体。在向 EPA 提交清单时，实施清单的方法必须同时交给 EPA。

列出清单后，要对清单上所列水体进行问题识别。主要目的是识别水体污染的主要原因，以及污染的性质和程度，为 TMDL 计划的制订提供足够的信息。

这部分重点需要考虑以下 3 个问题：

首先是水体功能的识别及水体污染物对其功能产生的影响。制定和实施 TMDL 计划的目的（孟伟等，2006—2008）就是使目标水体达到相应的水质标准，从而保证水体的正常使用功能，所以 TMDL 的制定者应当识别那些影响水体功能的污染因素。一般来说，导致水体污染的原因主要有：富营养化、微生物病原体、沉淀物等。对于不同的污染原因，相应的 TMDL 计划也不尽相同，要区别对待。

其次考虑污染因子的主要来源对水源水质的影响，它包括识别污染排放何时发生及如何进入水体。当污染原因为富营养化时，还需要对沉淀物的循环、地表水污染源及大气沉降污染源作出量化评估，并初步确定需要控制的污染因子。

最后还要考虑不确定因素及安全临界值。不确定性因素对水质的影响有时是不可忽略的，如非点源污染就是这样，为了不影响其对 TMDL 计划的制订和实施，就必须对这种不确定性进行合理分析。针对这种不确定性因素，美国 EPA 提倡使用定相方法来制定 TMDL 计划。定相方法以最容易获取的数据和信息为基础，计算出点源和非点源之间的负荷分配数量。为了降低不确定性的影响，有时需要对水体进行额外监测，以搜集需要的数据。

应对不确定性因素影响的另一个办法是增加安全临界值。安全临界值是 TMDL 计划中不可缺少的内容，它的主要作用是构建不确定性因素与目标水体之间的联系，同时使用合适的预测模型，不确定性分析的结果可作为一个影响因子，用在安全临界值的计算。安全临界值通常有两种计算方法：

①通过对负荷或水质相应的保守性假设来计算；

②预留出一定比例的可分配负荷不参与负荷分配，而将其作为安全临界值。

1.3.3.2 选择水质指标，确定指标值

这部分的目的就是识别可测量的或可定量化的指标，并确定指标值，用于评价清单所

列水体水质标准的可达性。一般来说，TMDL 计划的指标值都是可定量化的，但在某些情况下 TMDL 也应对不存在定量化水质指标的污染开发一些参数，当定量指标不存在时，就可用叙述性指标或通过水体功能的描述（如渔业养殖）来反映水体的受损程度。

1.3.3.3 评价污染源并估算污染负荷容量

评价污染源需要调查并确认危害水体的污染源类型（点源、非点源、自然背景）、数量、地理位置、对水体的影响程度（梁博，2004）。估算实际污染负荷量和最大污染负荷量，首先要确定污染物与纳污水体水质之间的响应关系，然后对水体允许的纳污量进行估算（李重荣，2003）。

通过以上对 SWAT、HSPF 和 BASINS 等模型的比较和分析，以及对太湖流域可获取数据情况的分析，这些模型并不适用于太湖流域水质 TMDL 计划的实施。在这种情况下，就需要结合太湖流域自身条件，设计与开发适合太湖流域的水质目标管理系统。本书是在“国家水体污染控制与治理科技重大专项”的支持下，借鉴美国 TMDL 的思想，按照太湖流域 TMDL 实施流程，首先开发了支持 TMDL 各种模型和业务功能的流域综合数据库。该数据库集成了土地利用数据、ALOS 数据、监测断面数据、太湖流域基础地理数据、功能分区数据、DEM 数据、河网数据；然后在系统中集成了支持 TMDL 的各种专业模型，包括水生态服务功能评估模型、水环境容量模型、水生态承载力模型、污染负荷估算模型以及污染负荷分配模型。在流域综合数据库和专业模型基础上，成功开发了太湖流域水质目标管理技术体系的业务化运行系统。

主要内容包括：第 1 章是绪论，从 TMDL 概念出发分析在太湖流域建设基于 TMDL 的水质目标管理系统的必要性；第 2 章从 TMDL 技术基本流程出发，进行太湖流域水质目标管理系统的需求分析；第 3 章按照系统需求分析，设计基于 TMDL 的太湖流域综合数据库；第 4 章从系统结构设计和功能设计方面详细说明了太湖流域水质目标管理系统的体系结构和功能设计；第 5 章从开发环境、数据准备、模型集成以及关键技术等方面对太湖流域水质目标管理系统的实现进行了详细说明；第 6 章是案例分析，以浙江省 201 控制单元为例对水质目标管理系统进行了实践；第 7 章是总结和展望。

2　太湖流域水质目标管理系统需求分析

需求分析是“太湖流域水质目标管理系统”设计与开发的基础工作，通过系统的需求调查、归纳和整理用户提出的各种问题和要求，确定用户对软件功能与性能的初步要求，并澄清系统需求中的一些模糊概念。全面深入地了解和掌握用户需求是进行优良系统设计的关键，也是系统生命力的保证。需求分析使系统开发者明确了解用户对系统内容和行为的期望和需求。

需求分析的过程实际上是一个继承与发展的过程。“继承”首先要求全面调查、了解目前水质目标管理组织机构内的常规工作，理解水质目标管理业务的关键性步骤。继承的过程是一个学习和认识的过程，它以对各类数据内容和管理行为进行调查的方式为主。“发展”则是在对现有的数据和机构组织理解的基础之上，用新的观点和计算机技术、地理信息系统技术（张清宇等，2005）来更有效地完成水资源管理的日常任务。有时这种发展的过程只是简单的工作过程，而有时可能是翻天覆地的变化，甚至还能引起整个水质目标管理机构的全面改革。

太湖流域水质目标管理系统需求分析的内容包括：现状分析、系统的目标和建设内容分析、系统组成分析、数据需求分析、功能分析与系统性能需求分析。

水质目标管理涉及多部门和多领域，其管理具有复杂性和动态性，充分了解水质目标管理工作的需求，是建立一套功能强大，使用方便的水质目标管理系统的基础工作。太湖流域水质目标管理系统必须满足以下需求：

（1）满足用户的多样性需求

水质目标管理部门的业务职能设置和下属单位的工作类型上的不同，决定了终端用户对系统需求的多样性；网络环境的差异性决定了系统框架结构应满足不同条件下用户的使用，如部分部门处于局域网环境中，而部分部门和单位必须通过广域网连接。针对各部门对水质目标管理和应用的实际需要，其应用目的也不同，主要归纳为以下几类：环境管理、环境规划、环境预测、污染事故应急（万本太，1996）（吴玉萍等，2006）、建设项目管理、排污申报和收费、城市环境综合治理、污染物总量控制（叶兴平，2008）、环境评价和环境监理等。这些应用目的涉及的 GIS 功能主要包括空间查询、空间数据编辑、空间数据发布、空间分析、专题制图和模型应用等功能。管理部门用户的多样性需求以及各部门应用的复杂性要求管理系统在不同网络环境中运行，完成这一环境下通信的同时还必须具备比较全面的业务应用功能。

（2）体现环境要素的特征性

环境要素是 GIS 系统分析、处理和表达的对象，充分体现环境要素是环境地理信息系统的重要特征（赵玉霞等，2000）。整个信息系统涉及的数据主要包括：基础地理信息数据、环境背景数据、污染普查数据、遥感影像数据、社会经济统计数据。数据的复杂性表现为环境数据不仅具有自己的特征而且还有较强的关联性，如空间关联性，污染源数据必将与具体的流域、水环境质量与各类污染源、乡镇数据等形成较强的空间关系。

环境数据的以上特征决定了管理系统要具有较高的管理环境数据的水平，充分利用现有的技术来协调这几类数据的关系。水质目标管理系统需要将各种数据源的数据经过标准化和规范化处理，通过统一的数据库系统组织和管理起来，实现系统数据的统一集中化管理，极大地提高了使用的时效性。如何有效地组织与管理这些分类明确但又联系紧密的数据是建设太湖流域综合数据库的关键，数据库建设的好坏将决定整个系统建设的成败。

（3）具有系统交互性功能

系统功能在与用户的交互性上，应在充分考虑环境信息特点的同时准确地把握管理决策者所关心的侧重点的不同，设计一个操作简单、提供交互式和可视化的环境（尹海龙等，2005；土晓玲等，2005），对管理中的各种专业数据实施强有力的分类管理。水质目标管理具有复杂性和动态性的特点，涉及多部门和多领域，需要处理大量的数据，因此需要建立一套功能强大且交互性较好、使用方便的地理信息系统（张正禄等，2003）。

根据水质管理部门实际的应用要求，不仅能够对影响环境状况的各种要素进行分析，而且能通过污染源、监测点的详细资料，对整体环境的状况进行分析和监测。使水质目标管理部门从日常繁重的查询、手工分析和制图工作中解脱出来。

系统功能交互性的强弱取决于对水质管理部门需求了解的熟悉程度，在设计阶段要重点考虑环境空间信息检索、查询、统计和分析功能的设计，充分发挥 GIS 系统直观形象的优势，使系统具有较强的交互性。

（4）保障系统信息的共享

在太湖流域水质目标管理系统的总体架构中，业务应用系统的建设遵从环境信息化标准体系，依托环境信息安全保障体系和环境信息运行管理体系，在基础设施平台之上，利用应用支撑平台进行新应用系统的构建和已有系统的集成，借助信息共享平台实现信息资源的共享，通过信息服务平台提供各项信息服务。环境数据标准的制定和得到相关单位的认可是实现网络数据自由共享、交换的前提。目前，中国还没有成熟、可用的环境数据标准。因此，国内各水质管理部门参照美国的环境数据标准制定自己的数据标准，在数据的处理过程中，规范及标准化系统内容、数据分类与编码、数据精度、数据安全等，采用或部分采用有关的国家标准、行业标准和地方标准，以促进地区各管理部门之间建立方便安全的信息传输通道和统一的信息平台访问。

用户所属部门和岗位的不同决定他们的业务过程不同，用户还存在着地理布局和范围优先级别差异等，根据差异将不同用户分成小组。太湖流域水质目标管理系统在保证最大限度地实现管理部门内部的数据共享的同时应具备完善的权限管理机制，系统应具有严格用户管理和权限分配机制，保证只有系统的合法用户才能进入本系统并从事与其身份相适应的操作。本着“信息共享”的理念进行太湖流域水质目标管理系统的规划与设计，有利于规范管理系统建设，避免和减少新的“信息孤岛”出现，从而减少集成的难度和投入，提升信息化整体效益。

2.1 系统功能需求

TMDL 计划研究的基本流程分为 5 个步骤（谢刚等，2006），基本流程见图 2-1，主要包括识别受损水体、污染源的调查、确定水质指标、污染负荷估算和分配、制定污染削减措施、采取控制管理措施、评价管理措施和识别受损水体是否仍需要实施 TMDL 计划。美国 EPA 认为 TMDL 技术在以下 5 个方面最受关注：提供技术支持和技术信息转让；改进水体和水质模式；改进相关最佳管理措施、水体恢复等有效的信息；让监测工作更贴近有关项目；评估相关的科学标准。

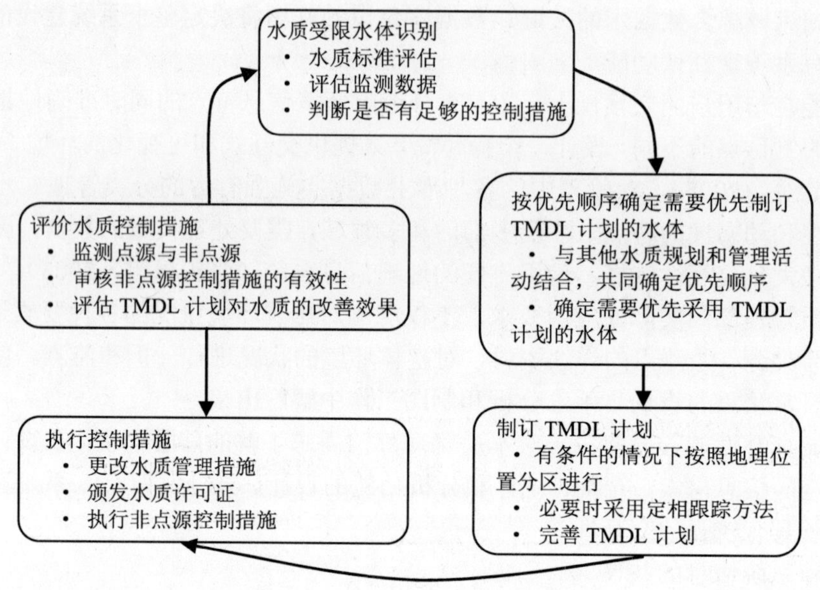

图 2-1 TMDL 计划研究的基本流程

2.1.1 受损水体识别

EPA 的《清洁水法》规定，各个州必须每 3 年对各州所属水体的水质标准进行评估并重新修订，国家污染物排放削减体系（NPDES National Pollution Discharge Elimination System）许可证应每 5 年进行重新核定。现行 TMDL 计划的评估部分将这两个过程有机地结合在了一起。

TMDL 计划的第一步便是对所谓“问题水体”，即受损水体的识别。所谓受损水体，指那些即使实施 1972 年水污染控制修正案所规定的排放限制，也无希望实现水质标准的水体。而水质标准是评估水体水质状况和实施所需污染控制措施的基础和准绳。各州的水质标准包括 3 个组成部分：水体指定的使用功能、用于保护水体使用功能的指标（包括物理、化学和生物指标）以及防止水质恶化政策规定。各州应当对那些任何未能满足这 3 条水质标准要求之一的水体进行识别。

EPA 的水质规划与管理办法对水质限制河段的识别做了具体规定。规定指出：当某水体在实施了一定的污染控制措施后，仍然无法满足水质标准时，则该水体需要实行 TMDL 计划。这些控制措施包括：《清洁水法》中规定的基于技术的排放限制；联邦、州及当地有关部门规定的比基于技术的排放限制更加严格的排放限制（包括禁止排放）；以及联邦、州和当地有关部门规定的其他污染控制措施（如最佳管理措施 BMPs）。

2.1.2 按先后顺序，确定需要优先制定 TMDL 计划的水体

一旦目标水体确定后，在综合考虑所有的污染控制措施的情况下，应该使用具体的排序方法对目标水体进行优先控制排序，排序方法一般由各州自己制定。《清洁水法》规定，目标水体的优先等级排序必须考虑水体的污染程度和水体的使用功能。对于不能在短期内解决的水质问题，EPA 和州应制定多年计划，优先治理那些水质问题最严重、水质污染威胁最大以及最有使用价值的水体。具体方法的制定可参考 EPA 的相关技术指导。

具体来说，制定优先等级需要考虑的因素有：

1）对人类健康和水生生物生活的影响程度（章莹，2007）；

2）公众关注和支持程度；

3）特定水体的休闲娱乐、经济及美观的重要性；

4）作为水生生物栖息地的特定水体的脆弱程度；

5）与水质相关的法庭生效的裁决；

6）国家政策和优先项目，如 EPA 年度操作指南中规定的项目。

2.1.3 制定 TMDL 计划

针对一个特定的目标水体，制定 TMDL 计划采用的方法通常包括以下 4 个步骤：

1）主要污染物的筛选；

2）目标水体环境容量的估算，通过各种途径排入目标水体的污染物的总量的估算；

3）水体污染的预测性分析，确定水体允许的污染负荷总量；

4）在保证水体达到水质标准的前提下，同时考虑安全临界值，将水体允许的污染负荷分配到各个污染源。

制订 TMDL 计划时通常单独或联合采用以下 3 种技术方法来测定：化学法、污染物排放毒性分析法以及生物标准/生物评测法。对于传统的污染问题，如溶解氧过度损耗和富营养化问题，在不确定性程度已知的条件下，有相当成熟的模型可用于预测水体水质情况。但对于非传统的污染问题来说，如城市雨水径流以及涉及沉淀物和生物聚集通道的污染，就没有这么简单了。针对这些问题的预测模型，往往采用一些保守性的假设条件。但在很多情况下，除非有更多的数据可以进行敏感性分析和模型比较，否则，这些假设条件的确定性程度并不能进行合理量化。对于涉及这些非传统污染问题的 TMDL 计划的制订，应当增加安全临界值，并需要额外的监测数据，以保证水体达到相应水质标准。必要时，还可对 TMDL 进行重新计算。

2.1.4 控制措施的实施

一旦 TMDL 计划制订完成后，接下来就应该由州或 EPA 对污染控制措施进行实施了。实施的第一步是对水质管理计划进行更新，接着按 TMDL 计划中制定的污染负荷分配目标对点源和非点源进行分配。

国家污染物排放削减体系（NPDES，National Pollution Discharge Elimination Systems）的排放许可证用于限制点源的排放。公共污水处理厂（POTWs）的建设决策和先进的污水处理设备的安装决策也必须符合基于技术或基于水质的排放限制要求。这些决策应保持一

致，这样才能保证污水处理厂的排放要求与许可证的排放要求一致。

对于非点源，州和当地法律应保证非点源控制措施的实施，如采用最佳管理措施（BMPs，Beat Management Practices）。《清洁水法》319 条款的管理规划是实施非点源控制措施和保证水质的有效工具。然而，很多情况下，实施 BMPs 的地方甚至没有相应的规划。在这种情况下，需要州专门制定相应文件，用来协调州与地方部门、土地主人、操作人员和管理人员之间的关系，然后对 BMPs 的实施、维护和总体效果进行评估，以保证负荷的合理分配。

2.1.5 评价效果

水质监测是基于水质的污染控制措施的关键组成部分。有了监测数据，才能评估 TMDL 和控制措施对水质的保护和环境的改善的有效性。

对于点源，由于 NPDES 排污许可证要求排污单位提供相应的排污报告，评估相对比较容易。某些情况下，许可证还要求排污单位提供污染排放对受纳水体的影响评估。只要有足够的信息用于填写排污许可证，监测要求就可作为一项特殊的条件附在排污许可证上。EPA 还鼓励各州采用创新的监测方法，以便为点源和非点源提供足够的监测信息。

总体而言，太湖流域水质目标管理系统主要应具备三方面功能：第一，数据管理功能，可以进行空间数据与属性数据的录入、处理、查询、统计、分析、制图、输出和数据维护等基础功能。第二，模型集成功能，通过对生态服务评估模型、水生态承载力模型、水环境容量模型、污染负荷核算模型和污染负荷分配模型集成，完成水生态功能定位、污染负荷核算以及污染负荷分配等功能，并对模型计算的结果进行二维与三维可视化表达。第三，数据输出功能，根据用户的需求可以进行空间数据、属性数据以及报表数据的输出和打印。

太湖流域水质目标管理信息系统的功能见图 2-2。

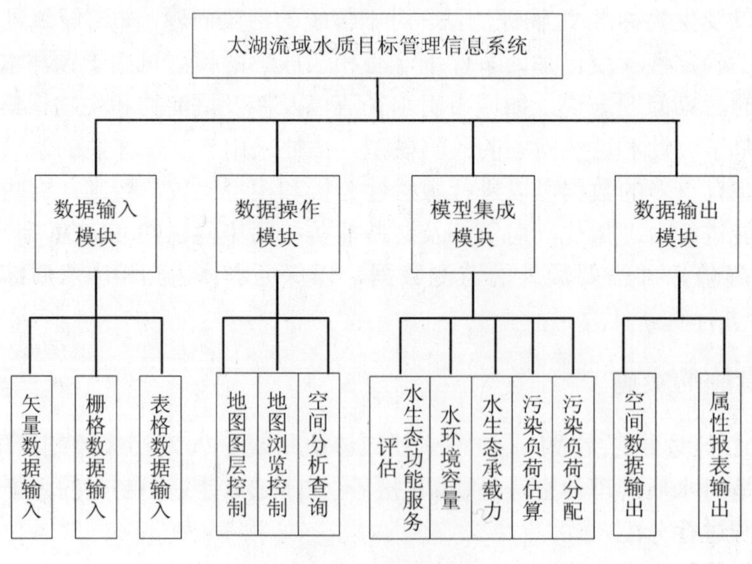

图 2-2 系统功能

2.2 系统的数据需求

太湖流域水质目标管理系统的实现需要诸多模型的支持，主要的模型包括：生态功能服务评估模型、水生态承载力模型、水环境容量模型、污染负荷核算模型和污染负荷分配模型。模型的运行需要多种数据支持，主要包括以下几种数据：基础地理信息数据、环境背景数据、污染普查数据、遥感影像数据、社会经济统计数据。

2.2.1 基础地理信息数据

基础地理信息数据主要包括自然地理特征数据（地貌、土壤、植被、河流、湖泊、高原、盆地、山脉、冰川、沼泽、滑坡、沙漠化十二种自然地理特征数据）；高程数据；控制点数据；行政边界数据；交通数据。

2.2.2 环境背景数据

环境背景数据主要包括气象数据（包括气象站点日最高、最低气温，湿度（露点）、云量、降水（包括每日半小时最大降水量）、风向风速、地温、平均地温、太阳辐射等）；水文数据（水文站点观测数据（河流径流量、流速等）、水利设施分布、水土流失、湖体水文监测数据）；污染源数据（点源污染源、面源污染源）；土地利用数据；植被类型分布数据；自然保护区分布数据；物种分布数据等。

2.2.3 污染普查数据

污染普查数据主要包括畜禽养殖业数据、网箱养殖业数据、池塘养殖业数据、城镇生活源数据、农村生活源数据、重点工业源数据、污水处理厂和一般工业源数据；污染源监测数据；水生态监测数据；大气污染物监测数据（可吸入颗粒物、大气污染物沉降等）；常规水质监测数据[化学需氧量（COD）、总磷（TP）、总氮（TN）、氨氮（NH_3-N）]等。

2.2.4 遥感影像数据

遥感影像数据主要包括低空间分辨率 MODIS、NOAA、SPOT VGT 数据（用于流域尺度植被、水质参数的快速监测）；空间分辨率 TM、CBERS 数据（用于区域尺度土地利用/土地覆被数据的监测）；ALOS、SPOT5、IKNOS、Quickbird 等高分辨率的数据（用于乡镇级、控制单元土地利用/土地覆被、水质参数的监测）。

2.2.5 社会经济统计数据

社会经济数据主要包括基本社会统计数据（人口数据、GDP、农村住户调查等）；社会发展与变化统计数据（如产业变化、人口变化、收入变化等）；环境调查数据[农业化肥（N、P 肥）施用量、农药施用量、畜牧和家禽养殖、船舶污染、水资源利用、工业污染、农业面源污染、城镇污水治理、村落污染物排放量等]。

2.3 系统的性能需求

系统的性能需求从系统可维护性、系统可靠性、系统高效性以及系统先进性和实用性四个方面考虑。

2.3.1 系统可维护性

系统可维护性是衡量软件质量的一个重要指标，可目前没有对可维护性定量度量的普遍适用方法，目前广泛使用的是用可理解性、可测试性、可修改性、可移植性、可使用性、开发性及效率等多个特性来衡量系统的可维护性。系统可维护性对于延长软件的生存期具有决定性的意义，系统应通过建立明确的软件质量目标和优先级、使用提高软件质量的技术和工具进行明确的质量保证审查，改进程序的文档，开发软件时考虑维护等多方面工作来提高系统的可维护性。

2.3.2 系统可靠性

可靠性指系统运行过程中的抗干扰和正常运行能力，保证系统出现的故障能很快得到排除。要求系统具有较好的检错能力，在错误干扰后有重启动的能力。系统采用冗余技术、软件复杂性控制等技术来提高系统的可靠性。

2.3.3 系统高效性

系统运行效率主要以系统处理能力、运行时间及响应时间来衡量。要求设计人员在一定资源的条件下，选择合理的设计方案，设计较优的算法。在确保系统可靠性和可维护性的前提下，尽可能地提高系统的执行效率和响应时间。

2.3.4 系统的先进性和实用性

系统的先进性和实用性是系统先进技术应用与系统价值的重要体现。系统应符合计算机软件技术的发展潮流，采用技术领先的系统平台和框架体系，保证系统的先进性；同时，系统必须符合水质目标管理特点和业务要求，界面简洁、操作简单，使系统具有较强的实用性。

2.4 系统的安全需求

系统的安全需求从数据安全和系统权限管理两个方面考虑。

2.4.1 数据安全

太湖流域水质目标管理系统有关数据和其他管理信息系统（武发东等，2001）数据一样，在计算机中都是以文件或数据库关系表的方式来表示和存储。文件系统可看作数据库系统的原始形式。根据系统建设的要求，系统将太湖流域的数据集中到数据库服务器中进行统一管理。该数据库的特点是使数据具有独立性，并且提供对完整性支持的并发控制、访问权限控制、数据的安全恢复等。针对数据安全，需采用并发控制、存取控制和备份恢复技术。

2.4.1.1 并发控制

数据的集中管理将导致并行事务处理的出现，并行的事务处理可能会并发存取相同的数据。为防止并发存取对数据完整性的危害，需要采取一定的措施，保持数据的完整性和一致性。对空间数据库，采用锁的机制保护数据完整性。锁的粒度取决于数据库的实现方法。

2.4.1.2 存取控制

存取控制实为授权机制，是数据库安全的关键。对于何种范围内的数据，在何种条件下，规定许可进行何种操作。用户在调用具体的模块时，要输入用户名和密码或口令，每个模块均有其授权的用户。每种数据也定义了用户权限表，只有指定的用户才能进行相应的操作，用户权限由数据库管理员来设定。

基本空间数据在存取控制上又有专门特征。数据控制可以是基于空间范围的，也可以是要素类的。其存取控制可用一个三元组的表来表示（范围、要素和权限）。该表只有数据库管理员才能访问修改。

2.4.1.3 数据恢复

数据库中的数据是独立于程序而存在的，无论是自然错误还是人为错误，都会造成巨大的损失，为了能够恢复修改前的状态，数据库的操作应具有下列功能：

（1）自动恢复。在出错时可回到修改前的状态。

（2）自动备份。数据库修改后，原数据应有备份。

（3）历史数据。当数据库中数据大量修改后，原来的数据要保留入历史库中供以后使用。

（4）数据保密。在远程访问时，数据查询结果要在网上传送，这样就要求传送的数据安全。同样采用加密的方法来达到目的。

2.4.2 系统权限管理

在系统中采用基于角色的访问控制（role base access control，RBAC）机制，进行系统权限管理，从而决定一个用户或程序是否对某一特定的资源执行某种操作，从而防止用户越权使用，消除系统运行隐患，同时提供良好的系统柔性。

RBAC 包含三个实体：用户（user）、角色（role）、权限（privilege），见图 2-3。用户是对数据对象进行操作的主体，可以是人和计算机等。权限是对某一数据对象的可操作权利。一般所讲的数据对象，对数据库而言，可以是表、视图、字段，甚至是一条记录，相应的操作有读、写、删除和修改等。一项权限就是可以对某一特定的数据对象进行某种特定操作的权利。角色的概念源于实际工作中的职务。一个具体职务代表了在日常工作中处理某些事务的权利。角色作为中间桥梁把用户和权限联系起来。

图 2-3 基于角色的访问控制实体组成

RBAC 采用与企业组织结构一致的方式进行安全管理，其基本思想是：在用户与角色之间建立多对多关联，为每个用户分配一个或多个角色；在角色与权限之间建立多对多关联，为每个角色分配一种或多种操作权限；同时，通过角色将用户与权限相关联，即当用户拥有的一个角色与某种权限相关联时，用户拥有该权限。

3　太湖流域综合数据库设计

目前，计算机技术已经广泛地应用于国民经济的各个领域当中，在计算机硬件不断微型化的同时，应用系统也逐渐向着复杂化、大型化的方向发展。数据库是整个系统的核心，它的设计直接关系系统执行的效率和系统的稳定性。因此在软件系统开发中，数据库设计应遵循必要的数据库范式理论，以减少冗余、保证数据的完整性与正确性。只有在合适的数据库产品上设计出合理的数据库模型，才能降低整个系统的编程和维护难度，提高系统的实际运行效率。虽然对于小项目或中等规模的项目开发人员可以很容易地利用范式理论设计出一套符合要求的数据库，但对于一个包含大型数据库的软件项目，就必须有一套完整的设计原则与技巧。

3.1　数据库概念设计

3.1.1　概念设计方法

太湖流域综合数据库概念结构的设计方法主要采用以下 4 种：（1）自顶向下：即首先定义全局概念结构的框架，然后逐步细化；（2）自底向上：即首先定义各局部应用的概念结构，然后将它们集成起来，得到全局概念结构。这是最经常采用的策略，即自顶向下地进行需求分析，然后再自底向上地设计概念结构；（3）逐步扩张：首先定义最重要的核心概念结构，然后向外扩充，以滚雪球的方式逐步生成其他概念结构，直至总体概念结构；（4）混合策略：即自顶向下和自底向上相结合，用自顶向下策略设计一个全局概念结构的框架，以其为骨架集成由自底向上策略中设计各局部概念结构。

3.1.2　E-R 概念模式

3.1.2.1　池塘养殖信息表

（1）基本情况说明

池塘养殖是对池塘养殖者的居住地址，养殖的生物种类以及养殖的具体投入和产出量等基本信息进行描述的。

（2）局部概念模式定义

池塘养殖的局部概念模式采用 E-R 图进行定义，池塘养殖的概念模式如图 3-1 所示。

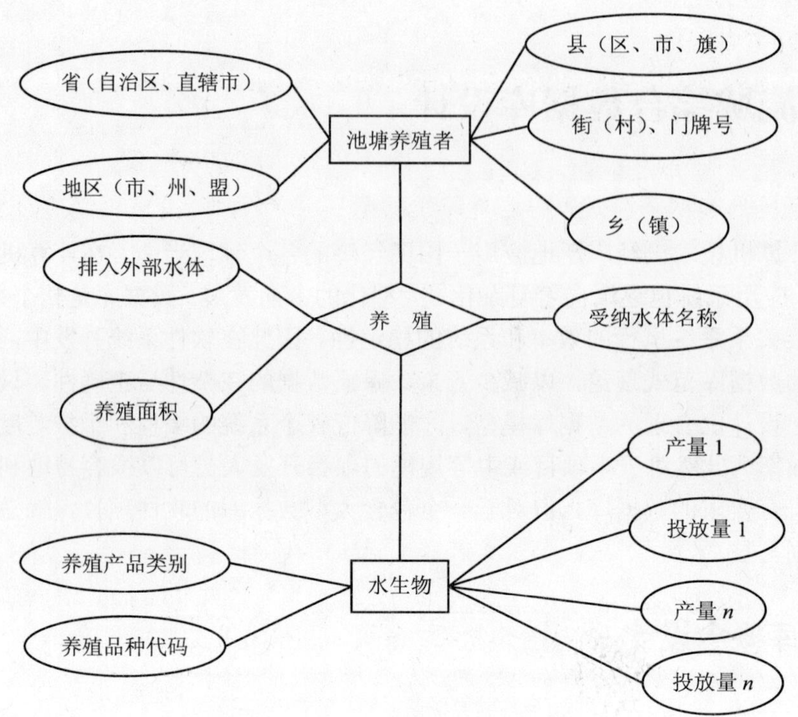

图 3-1 池塘养殖属性类 E-R 图

（3）实体联系概念说明

部分实体联系信息类的概念说明见表 3-1。

表 3-1 池塘养殖信息类说明

信息类名称			信息类的中文名称
概念描述	1	信息含义	包括养殖者的信息，养殖的生物种类及产量
	2	信息性质	实体信息
	3	信息分布	太湖流域
	4	信息来源	浙江、江苏环境科学研究院
	5	信息流向	各用户
	6	采集方式	人工输入
	7	更新频率	只增不改
	8	信息量级	
	9	信息增量	
	10	保密要求	
	11	采集时间	2007 年
属性聚集	省（自治区、直辖市），地区（市、州、盟），县（区、市、旗），乡（镇），街（村）、门牌号，养殖面积，排入外部水体量，受纳水体名称，负责人，养殖产品类别，养殖品种名称，养殖品种代码，投放量 1，产量 1，……，投放量 n，产量 n 等		
其他说明			

3.1.2.2 农村生活信息表

（1）基本情况说明

农村生活是对居民的居住地址，排污种类以及不同收入人群排污信息等基本信息进行描述的。

（2）局部概念模式定义

农村生活的局部概念模式采用 E-R 图进行定义，农村生活的概念模式如图 3-2 所示。

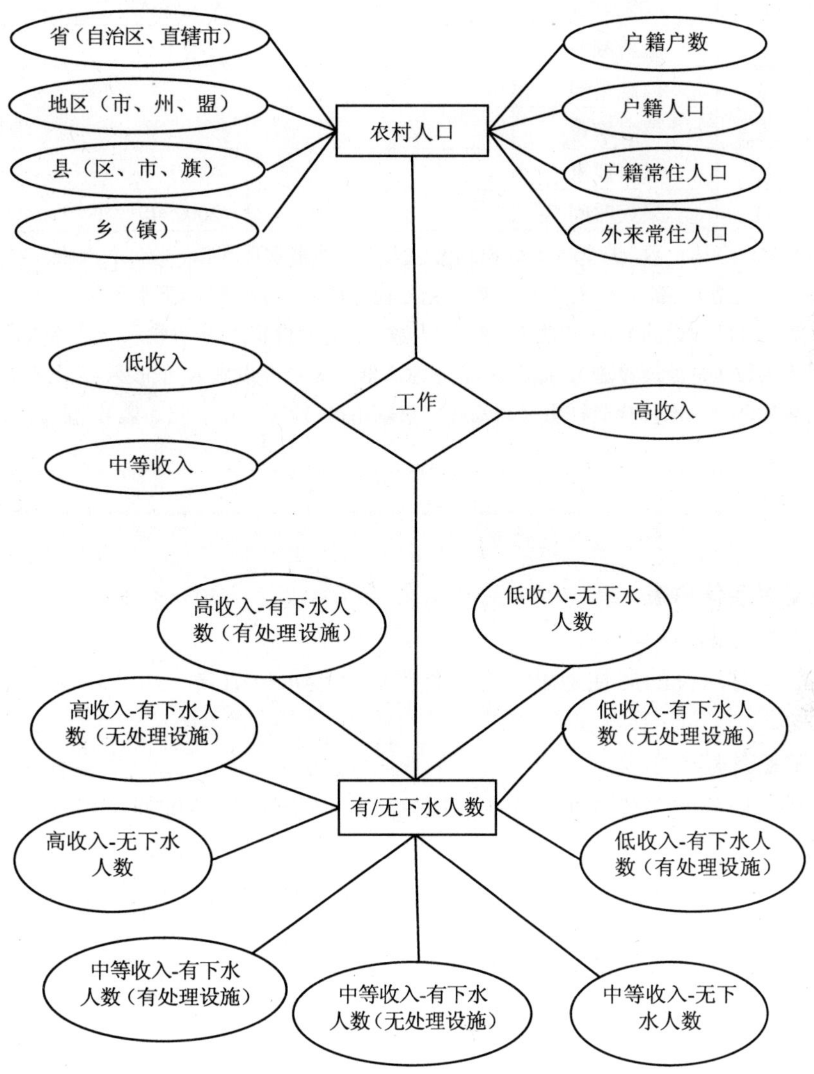

图 3-2 农村生活属性类 E-R 图

（3）实体联系说明

部分实体联系信息类的概念说明见表 3-2。

表 3-2 农村生活信息类说明

信息类名称			信息类的中文名称
概念描述	1	信息含义	包括居民的属性信息，不同人群排污信息等
	2	信息性质	实体信息
	3	信息分布	太湖流域
	4	信息来源	浙江、江苏环境科学研究院
	5	信息流向	
	6	采集方式	人工输入
	7	更新频率	只增不改
	8	信息量级	
	9	信息增量	
	10	保密要求	
	11	采集时间	2007 年
属性聚集	名称，户籍户数，户籍人口，户籍常住人口，外来常住人口，收入，高收入-有下水人数（有处理设施），高收入-有下水人数（无处理设施），高收入-无下水人数，中等收入-有下水人数（有处理设施），中等收入-有下水人数（无处理设施），中等收入-无下水人数，低收入-有下水人数（有处理设施），低收入-有下水人数（无处理设施），低收入-无下水人数，受纳水体名称，受纳水体代码，省（自治区、直辖市），地区（市、州、盟），县（区、市、旗），乡（镇）		
其他说明			

3.1.2.3 城镇生活信息表

（1）基本情况说明

城镇生活是对居民的居住地址、排污种类以及废水排放量、生活垃圾清运量等基本信息进行描述的。

（2）局部概念模式定义

城镇生活的局部概念模式采用 E-R 图进行定义，城镇生活的概念模式如图 3-3 所示。

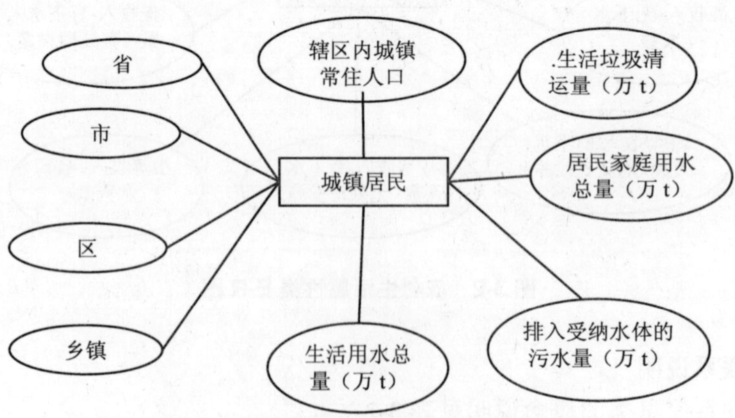

图 3-3 城镇生活属性类 E-R 图

（3）实体联系说明

部分实体联系信息类的概念说明见表 3-3。

表 3-3　城镇生活信息类说明表

信息类名称			信息类的中文名称
概念描述	1	信息含义	包括城镇居民的属性信息、生活垃圾清运量等
	2	信息性质	实体信息
	3	信息分布	太湖流域
	4	信息来源	浙江、江苏环境科学研究院
	5	信息流向	
	6	采集方式	人工输入
	7	更新频率	只增不改
	8	信息量级	
	9	信息增量	
	10	保密要求	
	11	采集时间	2007 年
属性聚集	名称、辖区内城镇常住人口（万人）、生活垃圾清运量（万 t）、生活用水总量（万 t），其中：居民家庭用水总量（万 t）、受纳水体名称、受纳水体代码、排入受纳水体的污水量（万 t）、省（自治区、直辖市）、地区（市、州、盟）、县（区、市、旗）、乡（镇）		
其他说明			

3.1.2.4　一般工业源信息表

（1）基本情况说明

一般工业源描述了公司的属性、污染物产生量、排放量、入河量等信息。

（2）局部概念模式定义

一般工业源局部概念模式采用 E-R 图进行定义，一般工业源的概念模式如图 3-4 所示。

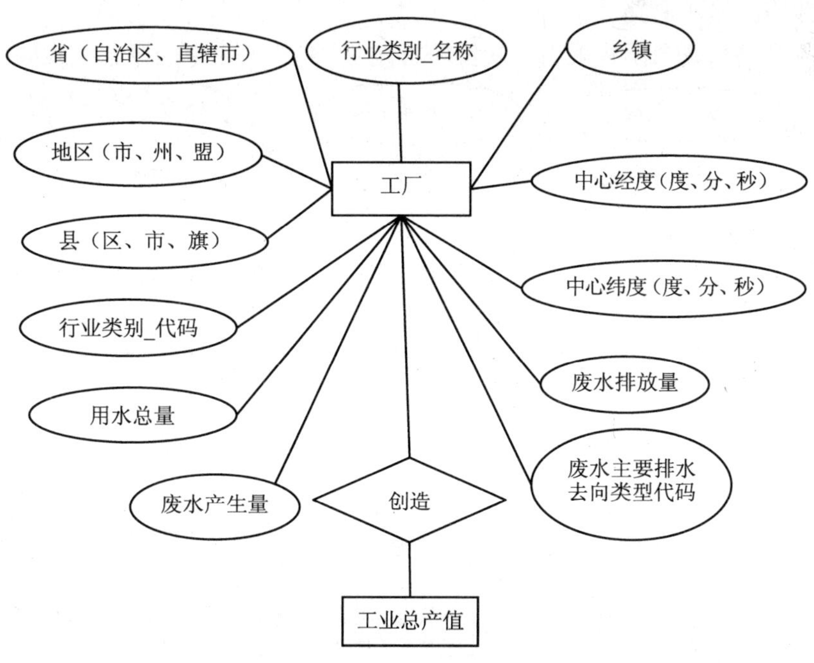

图 3-4　一般工业源属性类 E-R 图

（3）实体联系说明

部分实体联系信息类的概念说明见表 3-4。

表 3-4 一般工业源信息类说明

信息类名称			信息类的中文名称
概念描述	1	信息含义	包括一般工业源的属性信息及污染物产生量、排放量、入河量
	2	信息性质	实体信息
	3	信息分布	太湖流域
	4	信息来源	浙江、江苏环境科学研究院
	5	信息流向	
	6	采集方式	人工输入
	7	更新频率	只增不改
	8	信息量级	
	9	信息增量	
	10	保密要求	
	11	采集时间	2007 年
属性聚集	省（自治区、直辖市）、地区（市、州、盟）、县（区、市、旗）、乡（镇）、中心经度（度）、中心经度（分）、中心经度（秒）、中心纬度（度）、中心纬度（分）、中心纬度（秒）、行业类别_代码、行业类别_名称、工业总产值（万元）、用水总量、废水产生量、废水排放量、废水主要排水去向类型代码、受纳水体名称、化学需氧量（产生量）、化学需氧量（排放量）、氨氮（产生量）、氨氮（排放量）、总氮排放量、总磷排放量、COD 入河量等		
其他说明			

3.1.2.5 重点工业源信息表

（1）基本情况说明

重点工业源描述了公司的属性、污染物产生量、排放量、入河量等信息。

（2）局部概念模式定义

重点工业源局部概念模式采用 E-R 图进行定义，重点工业源的概念模式如图 3-5 所示。

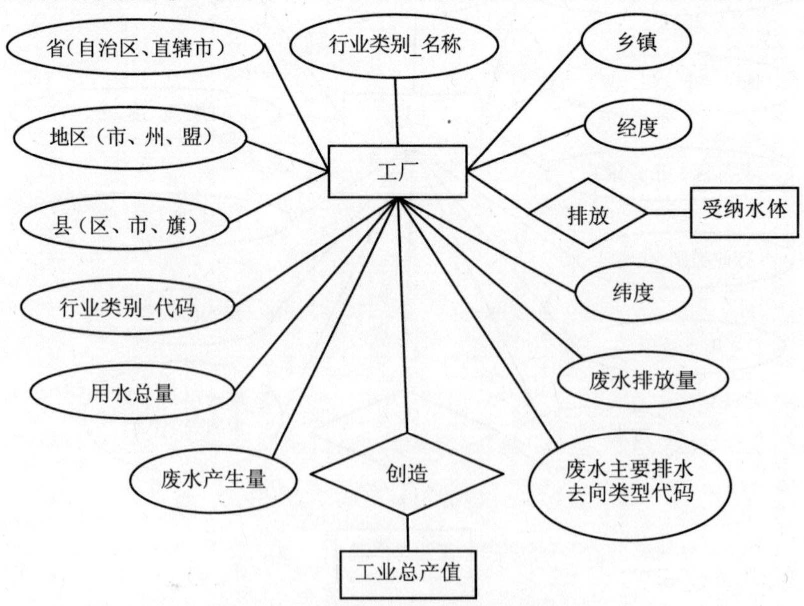

图 3-5 重点工业源属性类 E-R 图

（3）实体联系说明

部分实体联系信息类的概念说明见表 3-5。

表 3-5 重点工业源信息类说明

信息类名称			信息类的中文名称
概念描述	1	信息含义	包括重点工业源的属性信息及污染物产生量、排放量、入河量
	2	信息性质	实体信息
	3	信息分布	太湖流域
	4	信息来源	浙江、江苏环境科学研究院
	5	信息流向	
	6	采集方式	人工输入
	7	更新频率	只增不改
	8	信息量级	
	9	信息增量	
	10	保密要求	
	11	采集时间	2007 年
属性聚集	省（自治区、直辖市）、地区（市、州、盟）、县（区、市、旗）、乡（镇）、中心经度（度）、中心经度（分）、中心经度（秒）、中心纬度（度）、中心纬度（分）、中心纬度（秒）、行业类别_代码、行业类别_名称、工业总产值（万元）、用水总量、废水产生量、废水排放量、废水主要排水去向类型代码、受纳水体名称、化学需氧量（产生量）、化学需氧量（排放量）、氨氮（产生量）、氨氮（排放量）、总氮排放量、总磷排放量、COD 入河量等		
其他说明			

3.1.2.6 污水处理厂信息表

（1）基本情况说明

污水处理厂主要描述了排口与进口及污水处理厂自身属性的信息。

（2）局部概念模式定义

污水处理厂局部概念模式采用 E-R 图进行定义，污水处理厂的概念模式如图 3-6 所示。

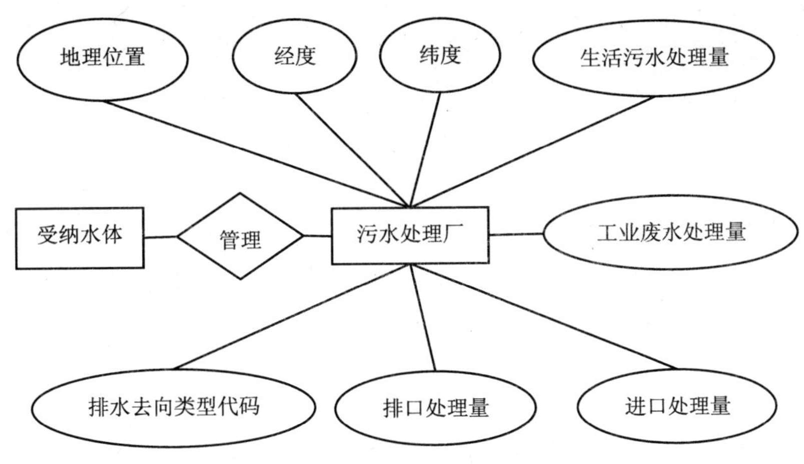

图 3-6 污水处理厂属性类 E-R 图

（3）实体联系说明

部分实体联系信息类的概念说明见表 3-6。

表 3-6 污水处理厂信息类说明

信息类名称			信息类的中文名称
概念描述	1	信息含义	污水处理厂的排口与进口及自身的一些属性信息
	2	信息性质	实体信息
	3	信息分布	太湖流域
	4	信息来源	浙江、江苏环境科学研究院
	5	信息流向	
	6	采集方式	人工输入
	7	更新频率	只增不改
	8	信息量级	
	9	信息增量	
	10	保密要求	
	11	采集时间	2007 年
属性聚集	名称、省、市、县、乡、中心经度（度）、中心经度（分）、中心经度（秒）、中心纬度（度）、中心纬度（分）、中心纬度（秒）、排水去向类型代码、受纳水体名称、污水实际处理量（万t），其中：生活污水处理量（万 t）、工业废水处理量（万 t）、进口化学需氧量（t）合计、排口化学需氧量（t）合计、进口氨氮（t）合计、排口氨氮（t）合计、进口总氮（t）合计、排口总氮（t）合计、进口总磷（t）合计、排口总磷（t）合计		
其他说明			

3.1.2.7 排污口对应关系信息表

（1）基本情况说明

排污口对应关系对公司的一些重要属性进行了描述，比如工业产值、废水流向、地理位置及所属控制单元信息等，为计算工业源相关信息做了铺垫。

（2）局部概念模式定义

排污口对应关系的局部概念模式采用 E-R 图进行定义，排污口对应关系的概念模式如图 3-7 所示。

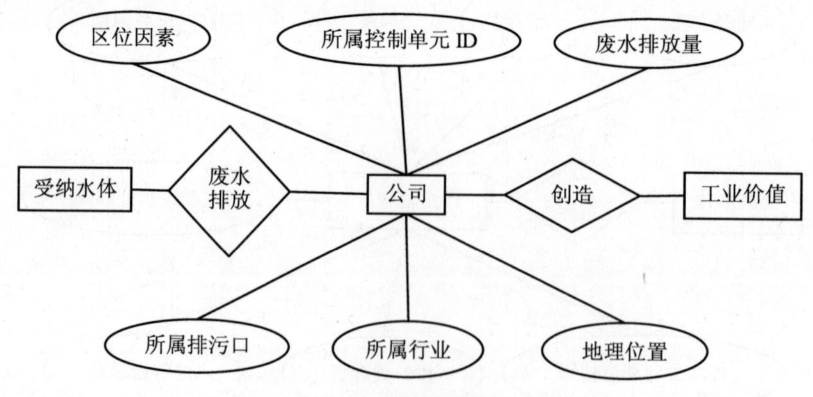

图 3-7 排污口信息属性类 E-R 图

（3）实体联系概念说明

部分实体联系信息类的概念说明见表 3-7。

表 3-7 排污口对应关系信息类说明

信息类名称			信息类的中文名称
概念描述	1	信息含义	控制单元内公司的属性，主要是公司对应排污口的关系
	2	信息性质	实体信息
	3	信息分布	太湖流域
	4	信息来源	浙江、江苏环境科学研究院
	5	信息流向	
	6	采集方式	人工输入
	7	更新频率	只增不改
	8	信息量级	
	9	信息增量	
	10	保密要求	
	11	采集时间	2007 年
属性聚集	公司名称、区位因素经度、纬度、控制单元 ID、排污口、行业归并、工业价值、受纳水体、废水排放量		
其他说明			

3.1.2.8 水环境容量信息表

（1）基本情况说明

水环境容量信息表主要是对水流的名称、河流深度、河流体积及水质状况等的描述。

（2）局部概念模式定义

水环境容量信息局部概念模式采用 E-R 图进行定义，水环境容量的概念模式如图 3-8 所示。

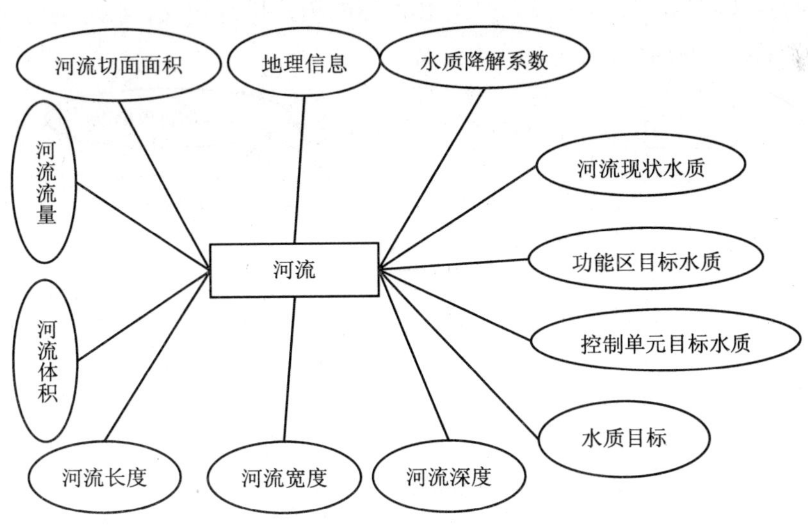

图 3-8 水环境容量信息属性类 E-R 图

（3）实体联系概念说明

部分实体联系信息类的概念说明见表 3-8。

表 3-8　水环境容量信息类说明

信息类名称			信息类的中文名称
概念描述	1	信息含义	功能区或者是控制单元内的河流信息
	2	信息性质	实体信息
	3	信息分布	太湖流域
	4	信息来源	浙江、江苏环境科学研究院
	5	信息流向	
	6	采集方式	人工输入
	7	更新频率	只增不改
	8	信息量级	
	9	信息增量	
	10	保密要求	
	11	采集时间	2007 年
属性聚集	省、市、功能区序号、河流（湖）、河流长度、河流宽度、河流深度、河流切面面积、河流流量、河流体积、COD 水质降解系数、COD 河流现状水质、COD 功能区目标水质、COD 水质目标、氨氮水质降解系数、氨氮河流现状水质、氨氮功能区目标水质、氨氮水质目标、总氮水质降解系数、总氮河流现状水质、总氮功能区目标水质、总氮水质目标、总磷水质降解系数、总磷河流现状水质、总磷功能区目标水质、总磷水质目标		
其他说明			

3.1.2.9　水污染排放限值信息表

（1）基本情况说明

水污染排放限值主要描述了各个行业的排放标准。

（2）局部概念模式定义

水污染的排放限值局部概念模式采用 E-R 图的模式进行定义，水污染排放限值信息表局部概念模式如图 3-9 所示。

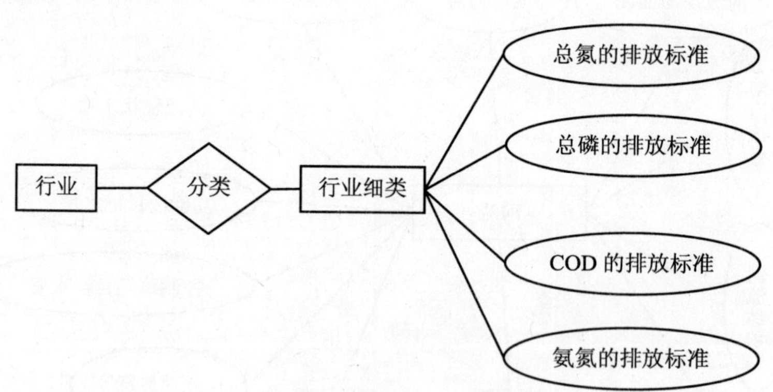

图 3-9　水污染排放限值信息属性类 E-R 图

（3）实体联系概念说明

部分实体联系信息类的概念说明见表 3-9。

表 3-9 水污染排放限值信息类说明

信息类名称			信息类的中文名称
概念描述	1	信息含义	各个行业的排放标准
	2	信息性质	实体信息
	3	信息分布	太湖流域
	4	信息来源	浙江、江苏环境科学研究院
	5	信息流向	
	6	采集方式	人工输入
	7	更新频率	只增不改
	8	信息量级	
	9	信息增量	
	10	保密要求	
	11	采集时间	2007 年
属性聚集	行业名称、行业细类名称、总氮排放标准（mg/L）、总磷排放标准（mg/L）、COD 排放标准（mg/L）、氨氮排放标准（mg/L）		
其他说明			

3.1.2.10 直排工业分配信息表

（1）基本情况说明

直排工业分配主要描述了公司与排污口对应关系，公司与行业类别关系，公司所处控制单元信息。

（2）局部概念模式定义

直排工业分配局部概念模式采用 E-R 图的模式进行定义，直排工业分配信息表局部概念模式如图 3-10 所示。

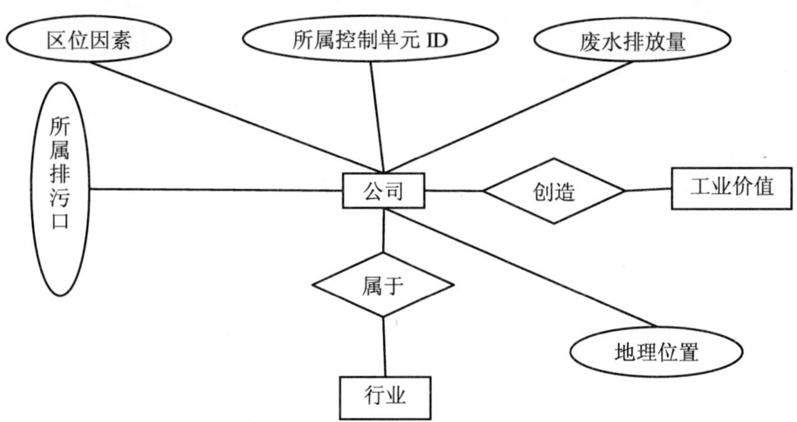

图 3-10 直排工业信息属性类 E-R 图

（3）实体联系说明

部分实体联系信息类的概念说明见表 3-10。

表 3-10 直排工业源分配信息类说明

信息类名称			信息类的中文名称
概念描述	1	信息含义	各个行业的排放标准
	2	信息性质	实体信息
	3	信息分布	太湖流域
	4	信息来源	浙江、江苏环境科学研究院
	5	信息流向	
	6	采集方式	人工输入
	7	更新频率	只增不改
	8	信息量级	
	9	信息增量	
	10	保密要求	
	11	采集时间	2007 年
属性聚集	控制单元 ID、公司名称、污染源类型、工业细类、排污口 ID、废水排放量、工业产值、区位因素		
其他说明			

3.1.2.11 中间结果暂存信息表

（1）基本情况说明

中间结果暂存描述了公司企业等重要对象的属性，将各类已经计算的数据统一管理。

（2）局部概念模式定义

中间结果暂存局部概念模式采用 E-R 图的模式进行定义，中间结果暂存信息表局部概念模式如图 3-11 所示。

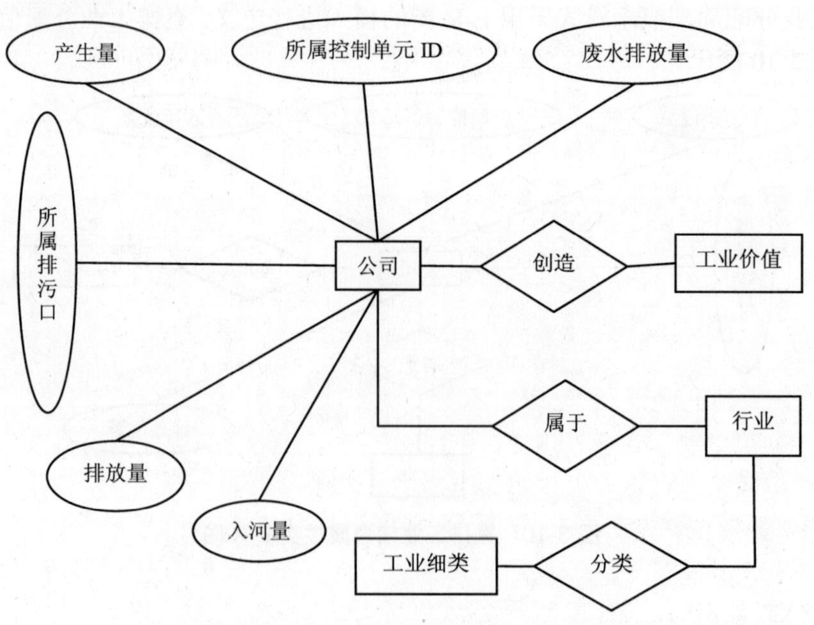

图 3-11 中间结果暂存属性类 E-R 图

（3）实体联系说明

部分实体联系信息类的概念说明见表 3-11。

表 3-11 中间结果暂存信息类说明

信息类名称			信息类的中文名称
概念描述	1	信息含义	各个行业的排放标准
	2	信息性质	实体信息
	3	信息分布	太湖流域
	4	信息来源	浙江、江苏环境科学研究院
	5	信息流向	
	6	采集方式	人工输入
	7	更新频率	只增不改
	8	信息量级	
	9	信息增量	
	10	保密要求	
	11	采集时间	2007 年
属性聚集	省、控制单元 ID、乡镇、污染源类型、工业门类、公司名称、COD、氨氮、总氮、总磷、废水排放量、工业生产总值、COD 产生量、COD 排放量、氨氮产生量、氨氮排放量、总氮产生量、总氮排放量、总磷产生量、总磷排放量		
其他说明			

3.1.2.12 种植业信息表

（1）基本情况说明

种植业描述了乡镇农户的信息，以及耕地的属性信息等。

（2）局部概念模式定义

种植业的局部概念模式采用 E-R 图进行了定义。种植业的概念模式如图 3-12 所示。

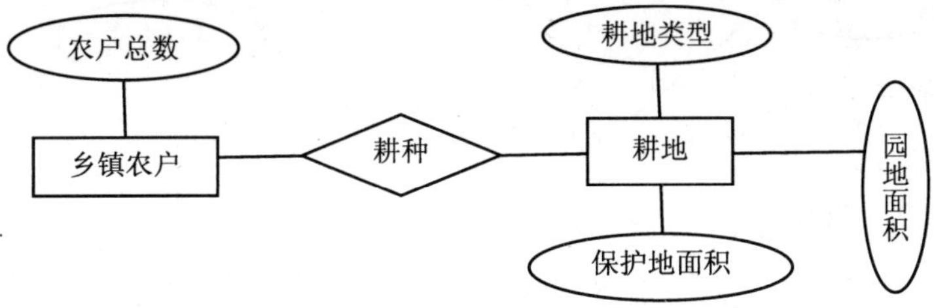

图 3-12 种植业属性类 E-R 图

（3）实体联系概念说明

部分实体联系信息类的概念说明见表 3-12。

3.1.2.13 畜禽养殖信息表

（1）基本情况说明

畜禽养殖描述了养殖者的属性、养殖的种类以及数量、受纳水体等信息。

（2）局部概念模式定义

畜禽养殖的局部概念用 E-R 图定义，畜禽养殖的局部概念模式如图 3-13 所示。

表 3-12 种植业信息类说明

信息类名称			信息类的中文名称
概念描述	1	信息含义	乡镇农户的属性信息及耕地的属性信息
	2	信息性质	实体信息
	3	信息分布	太湖流域
	4	信息来源	浙江、江苏环境科学研究院
	5	信息流向	
	6	采集方式	人工输入
	7	更新频率	只增不改
	8	信息量级	
	9	信息增量	
	10	保密要求	
	11	采集时间	2007 年
属性聚集	乡镇农户总数、耕地总面积（耕地总面积①旱地、耕地总面积②水田、保护地面积）、园地面积（园地面积①果园、园地面积②茶园、园地面积③桑园、园地面积④其他）		
其他说明			

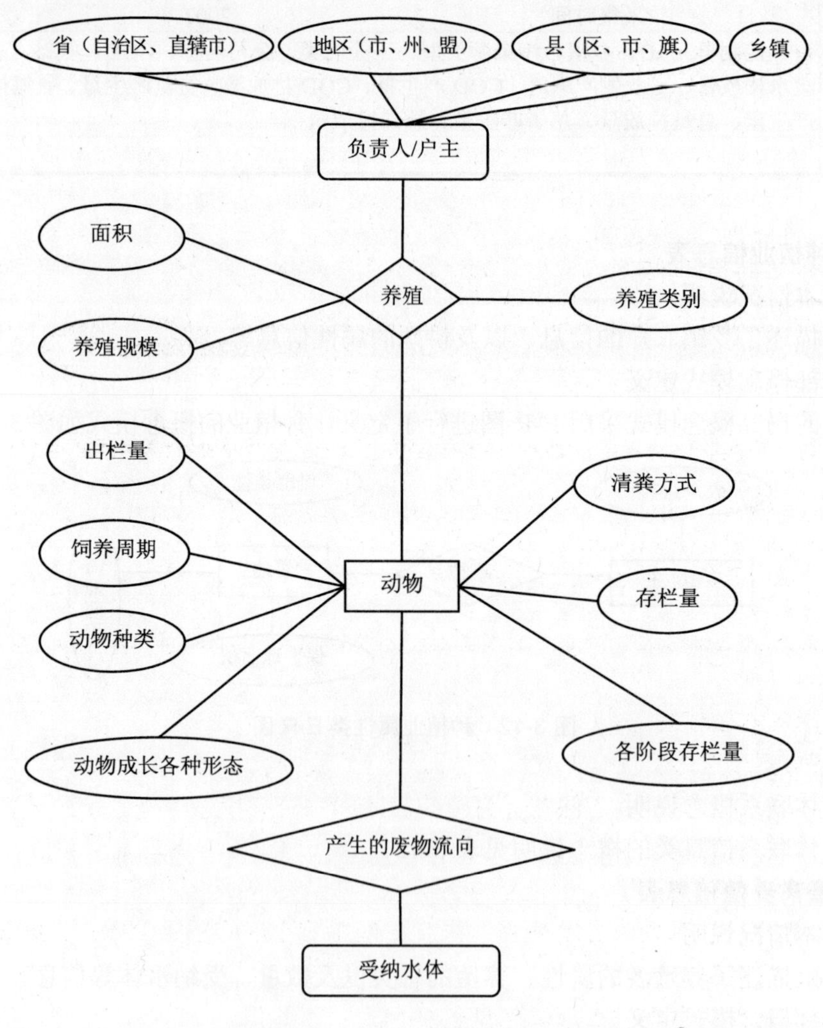

图 3-13 畜禽养殖属性类 E-R 图

（3）实体联系概念说明

部分实体联系信息类的概念说明见表 3-13。

表 3-13 畜禽养殖信息类说明

信息类名称			信息类的中文名称
概念描述	1	信息含义	养殖者的属性信息，养殖的种类、数量等信息
	2	信息性质	实体信息
	3	信息分布	太湖流域
	4	信息来源	浙江、江苏环境科学研究院
	5	信息流向	
	6	采集方式	人工输入
	7	更新频率	只增不改
	8	信息量级	
	9	信息增量	
	10	保密要求	
	11	采集时间	2007 年
属性聚集	村庄、负责人/户主、面积、存栏量（头、羽）_猪、存栏量（头、羽）_奶牛、存栏量（头、羽）_肉牛、存栏量（头、羽）_蛋鸡、存栏量（头、羽）_肉鸡、出栏量（头、羽）_猪、出栏量（头、羽）_肉牛、出栏量（头、羽）_肉鸡、各阶段存栏量_猪_保育、各阶段存栏量_猪_育成育肥、各阶段存栏量_猪_繁殖母猪、各阶段存栏量_奶牛_育成牛、各阶段存栏量_奶牛_成乳母牛、各阶段存栏量_肉牛_育肥牛、各阶段存栏量_蛋鸡_育雏育成、各阶段存栏量_蛋鸡_产蛋鸡、各阶段存栏量_肉鸡_商品肉鸡、饲养周期_猪_保育、饲养周期_猪_育成育肥、饲养周期_猪_繁殖母猪、饲养周期_奶牛_育成牛、饲养周期_奶牛_成乳母牛、饲养周期_肉牛_育肥牛、饲养周期_蛋鸡_育雏育成、饲养周期_蛋鸡_产蛋鸡、饲养周期_肉鸡_商品肉鸡、清粪方式_猪_保育、清粪方式_猪_育成育肥、清粪方式_猪_繁殖母猪、清粪方式_奶牛_育成牛、清粪方式_奶牛_成乳母牛、清粪方式_肉牛_育肥牛、清粪方式_蛋鸡_育雏育成、清粪方式_蛋鸡_产蛋鸡、清粪方式_肉鸡_商品肉鸡、污水日产生量、粪便处理利用量、受纳水体名称、受纳水体代码、省（自治区、直辖市）、地区（市、州、盟）、县（区、市、旗）、乡（镇）、养殖规模			
其他说明			

3.1.2.14 网箱养殖信息表

（1）基本情况说明

网箱养殖描述了养殖者的属性、养殖的种类和数量、养殖水体、养殖规模及受纳水体等信息。

（2）局部概念模式定义

网箱养殖的局部概念模式用 E-R 图定义。网箱养殖的局部概念模式如图 3-14 所示。

（3）实体联系概念说明

部分实体联系信息类的概念说明见表 3-14。

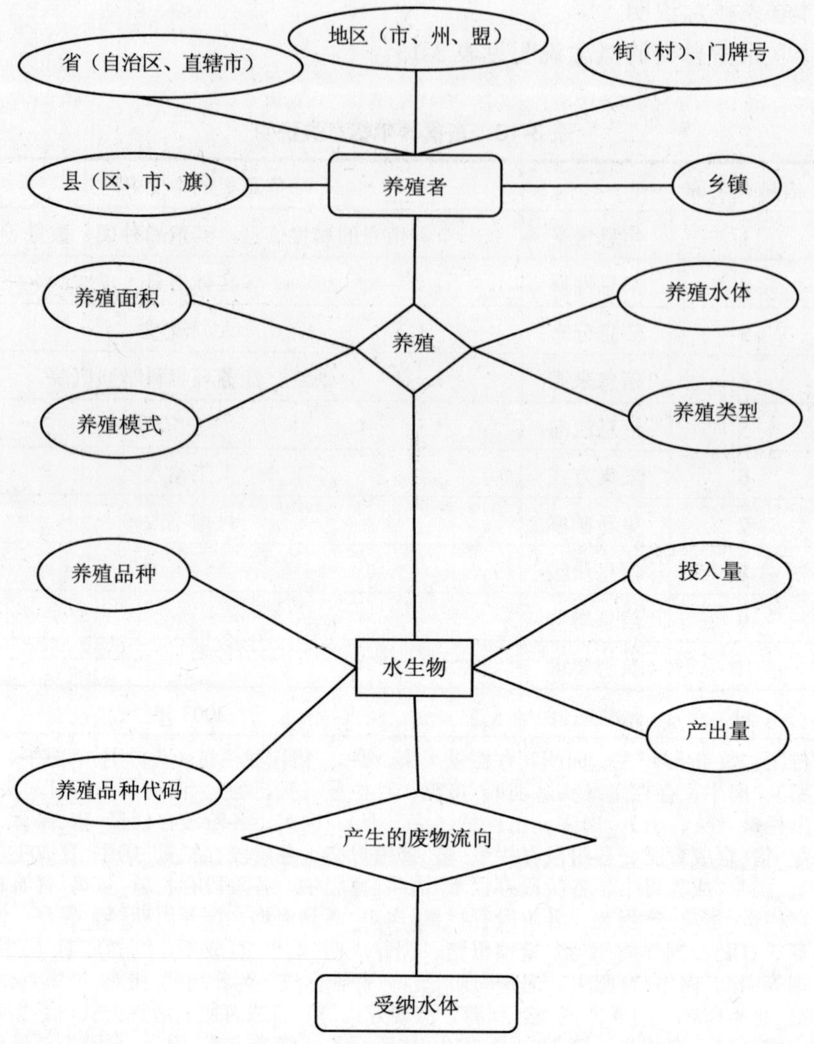

图 3-14 网箱养殖属性类 E-R 图

表 3-14 网箱养殖信息类说明

信息类名称			信息类的中文名称
概念描述	1	信息含义	养殖者的属性信息，养殖的种类、养殖规模、受纳水体等信息
	2	信息性质	实体信息
	3	信息分布	太湖流域
	4	信息来源	浙江、江苏环境科学研究院
	5	信息流向	
	6	采集方式	人工输入
	7	更新频率	只增不改
	8	信息量级	
	9	信息增量	
	10	保密要求	
	11	采集时间	2007 年

信息类名称	信息类的中文名称
属性聚集	省（自治区、直辖市），地区（市、州、盟），县（区、市、旗），乡（镇），街（村）、门牌号，养殖面积，养殖模式，养殖水体，养殖类型，负责人，受纳水体名称，预留，养殖品种名称 1，养殖品种代码 1，投放量 1，产量 1，养殖品种名称 2，养殖品种代码 2，投放量 2，产量 2，养殖品种名称 3，养殖品种代码 3，投放量 3，产量 3，养殖品种名称 4，养殖品种代码 4，投放量 4，产量 4，养殖品种名称 5，养殖品种代码 5，投放量 5，产量 5，养殖品种名称 6，养殖品种代码 6，投放量 6，产量 6，养殖品种名称 7，养殖品种代码 7，投放量 7，产量 7，养殖品种名称 8，养殖品种代码 8，投放量 8，产量 8
其他说明	

3.2 数据库逻辑设计

3.2.1 逻辑模式设计

设计逻辑结构应该选择最适于描述与表达相应概念结构的数据类型，然后选择最合适的 DBMS。设计逻辑结构一般分 3 步来进行：第一，将概念结构转换为一般的关系、网状、层次模型；第二，将转化来的关系、网状、层次模型向特定 DBMS 支持下的数据模型转化，对数据模型进行优化；第三，关系模型的逻辑结构是一组关系模式的集合。而 E-R 图则是由实体、实体的属性和实体之间的联系 3 个要素组成的。所以将 E-R 图转化成关系模型实际上就是将实体、实体的属性和实体之间的联系转化为关系模式。这种转换遵循如下原则：

（1）一个实体型转换为一个关系模式。实体的属性就是关系的属性，实体的码就是关系的码。

（2）一个 m∶n 联系转换为一个关系模式。与该联系相关的各实体的码及联系本身的属性均转换为关系的属性，而关系的码为各实体码的组合。

（3）一个 1∶n 联系可以转换为一个独立的关系模式，也可以与 n 端对应的关系模式合并。如果转换为一个独立的关系模式，则为该联系相连的各实体的码及联系本身的属性均转化为关系的属性，而关系的码为 n 端实体的码。

（4）一个 1∶1 联系可以转换为一个独立的关系模式，也可以与任意一端对应的关系模式合并。如果转换为一个独立的关系模式，则与该联系相连的各实体的码及联系本身的属性均转换为关系的属性，每个实体的码均是该关系的候选码。如果与某一端对应的关系模式合并，则需要在该关系模式的属性中加另一个关系模式的码和联系本身的属性。

3.2.2 逻辑模式规范化

对现实世界具体问题建立关系数据模型时，关系必须规范化，即关系模型中的每一个关系模式都必须满足一定的要求。规范化有许多层次，对关系最基本的要求就是每个属性值必须是不可分割的数据单元，即表中不能再包含表。手工制表中经常出现的复合表项在关系中是不允许的。之所以要求关系必须规范化，主要原因是不规范的关系模式在应用中将产生许多弊病，一般主要有以下四点：

（1）数据冗余：存储大量的重复信息。

（2）更新异常：由于数据的冗余，某个属性的更改导致记录数据的不一致。

（3）插入异常：由于主键内容的不全，导致数据无法写入。

（4）删除异常：由于主键内容的不全，在删除一些信息时会同时删除其他有用的信息。

在设计关系数据库时，如果随意建立关系模式，会出现上面所说的许多弊病，较好的关系模式必须满足一定的规范化要求。一个关系模式满足某一指定的约束，称此关系模式为特定范式的关系模式。满足不同程度的要求构成不同的范式级别。关系模式有下列几种范式：第一范式（1NF）、第二范式（2NF）、第三范式（3NF）、BCNF、第四范式（4NF）和第五范式（5NF）。其中第四范式和第五范式是建立在多位依赖和连接依赖基础之上的，在本次数据库设计中并未涉及。

（1）第一范式

在关系模式R的每一个具体关系r中，如果每个属性值都是不可再分的最小数据单位，则称 R 是第一范式的关系。不属于 1NF 的关系称为非规范化关系，而现实中经常采用复式表格（表中有表），可以用下列 3 种方法把复式表规范成 1NF 关系：重复存储复式表中属性的值，这样造成大量冗余；把复式表中 1 个属性拆分成 2 个属性；维持原模式不变，但强制每个元组只输入 1 个值。

（2）第二范式

第二范式的定义：如果关系模式 R（u）中的所有非主属性都完全以函数依赖于任意一个候选关键字，则称关系 R 属于第二范式的，记为 RE2NF。

（3）第三范式

第三范式的定义：如果关系模式 R（u）中的所有非主属性对任何候选关键字都不存在传递依赖，则称关系 R 是属于第三范式的，记为 RE3NF。其目的就是在每个关系模式中都不能留有传递依赖。应设法通过投影分解将原来的传递依赖属性放到不同的关系模式中去。

3.2.3 属性依赖定义

现实世界中的事物是彼此联系、互相制约的。函数依赖反映了数据之间的内在联系。这种联系分为两类：一类是实体与实体之间的联系；另一类是实体内部各属性之间的联系。数据库系统用数据模型来实现概念模型的描述，任何一种数据模型都不仅描述实体及其属性，而且要描述实体间的联系。属性间的联系有 3 种，分别是一对一、一对多和多对多的联系。

关系中属性值之间这种既相互依赖又相互制约的联系称为数据依赖。数据依赖主要就是函数依赖。

通过函数依赖，可以对关键字做出形式化：在关系模式 R（u）中，K 是 U 中的属性或属性组。如果 K 完全函数决定整个组，则称 K 为关系 R（u）的一个候选关键字。R（u）中若有多个候选关键字，则选定其中一个作为主关键字。如果 K 不是单一属性，而是组合属性，可称为组合关键字，或合成关键字。此外，把包含在任一候选关键字中的属性称为主属性；不包含任何候选关键字的属性称为非主属性。

3.2.4 模式修正与评价

数据库设计的最终目标是满足应用需求。因此，数据库的逻辑结构必须经过模式评价与修正，通过模式评价检查所设计的数据库是否满足用户的功能要求、效率如何、确定需要修改的部分。模式评价主要包括功能和性能两个方面，具体注意以下 3 点：

（1）对照需求分析的结果，检查规范化后的关系模式集合是否支持用户的所有需求。关系模式中必须包括用户可能访问的所有属性。在涉及多个关系的应用中应该确定连接后不丢失信息。如果发现不能支持或不能完全支持某些应用，则必须进行模式修正。分析产生问题的原因，并确定这些原因所在的设计阶段（逻辑设计、概念设计或需求分析），然后返回到相应设计阶段进行分析、解决。整个开发过程是一个反复修改、调整的迭代过程。

（2）在模式修正时，如果因需求分析、概念设计阶段的疏漏导致不能支持某些应用，则应增加新的局部 E-R 图，并综合到全局 E-R 图中，重新进行优化设计等。在系统设计过程中，返回越远，工作量就越大。因此，系统分析阶段做工作应做到尽量细致，以使反复的工作量相对较小。

（3）如果由于性能原因要求修正，则可采用对模式的合并与分解来解决。合并使关系模式变大，可以提高查询效率，但是可能影响规范化级别。对于以查询为主的客户应用可以考虑按模式组合的使用频率进行适当的合并。

经过反复多次的模式评价和模式修正之后，最终的数据库模式得以确定。逻辑设计阶段的结果是得到全局逻辑数据库结构，即满足一定规范化级别的一组关系模式组成的关系数据库模型。

3.2.5 视图模式设计

关系视图的设计，在逻辑设计中，又称为外模式设计。关系视图是在关系模式基础上所设计的直接面向操作用户的视图，它可以根据用户需求随时调整，一般 RDBMS 均提供关系视图的功能。关系视图的作用主要有如下 3 点：

（1）提供数据的逻辑独立性。数据的逻辑模式会随着应用的发展而不断变化，逻辑模式的变化必会影响到应用程序的变化，这就会产生极为麻烦的维护工作，而关系视图则发挥了逻辑模式与应用程序之间的隔离墙的作用，有了关系视图后建立在其上的应用程序不会随逻辑模式修改而产生变化，此时变动的仅是关系视图的定义，因此，关系视图提供了一种逻辑数据独立性，应用程序不受逻辑模式变化的影响。

（2）能适应用户对数据的不同要求。每个数据库都有一个非常庞大的结构而每个数据库用户希望只需知道他们自己所关系的那部分结构，不必知道数据的全局结构以减轻用户在此方面的负担，而此时可用关系视图屏蔽用户所不需要的模式而仅将用户感兴趣的部分呈现给用户。

（3）有一定数据保密功能。关系视图为每个用户划定了访问数据的范围，从而在应用的各用户间起到一定的保密隔离作用。

太湖流域综合数据库与水质目标管理系统代码设计是对各种信息进行有效管理和使用的保障。信息编码是将信息分类的结果用一种易于被计算机和人识别的符号体系表示出来的过程，是人们统一认识、统一观点、相互交换信息的一种技术手段。代码一般由数字、字符，或数字字符混合构成，具有唯一性，并有分类和排序功能。在设计时，若采用某些专用字符或对某些字符或数字做出一些特殊规定，则代码又具有某种特定的含义。

3.2.6 编码设计

水质目标管理类属性信息在科学分类的基础上均应进行编码，形成统一规范的代码。水质目标管理属性类信息分类一般采用面分类法，分类结果是形成互不相关联、互不从属的面，属性值可以是数值、名称，也可以是代码。

在数据库详细设计中，按照信息分类的原则对数据库的每个实体和联系集都设计有唯一的表与之对应，表名即为相应的实体集或联系集的名称，每一个表有多个列，即实体的属性（字段），每个列有唯一的列名即属性名（字段名）。每个表和每个属性的定义必须明确，表名和属性所使用的代码（包括属性值的代码）表示的含义必须一致，不得有冲突。

3.2.6.1 代码定制原则

（1）范式已有国家标准、行业标准的，一律使用国家标准，行业标准。如河流名称代码、行政区划代码等。

（2）没有国家标准，也没有行业标准的，制定本系统内使用的标准。在制定过程中，如其他数据库已有编码的，尽可能使用已有编码或在已有编码的基础上改造。如数据表标识符、字段标识符、音像资料标识符等。

（3）自行编制代码标准，应尽可能缩小编制范围并在数据结构上考虑将其独立出来，以便修改和完善。

（4）在数据库建设过程中应根据使用和实际情况逐步补充和完善各类代码。

3.2.6.2 元数据编码设计

元数据是用于描述要素、数据集或数据集系列的内容、覆盖范围、质量、管理方式、数据的所有者、数据的提供方式等有关的信息。元数据最本质、最抽象的定义为：data about data（关于数据的数据）。它是一种广泛存在的现象，在许多领域有其具体的定义和应用。

元数据的应用目的：

第一，确认和检索（Acknowledgement and Searching），主要致力于如何帮助人们检索和确认所需要的资源，数据元素往往限于作者、标题、主题、位置等简单信息，Dublin Core 是其典型代表。

第二，著录描述（Cataloging），用于对数据单元进行详细、全面的著录描述，数据元素囊括内容、载体、位置与获取方式、制作与利用方法甚至相关数据单元方面等，数据元素数量往往较多，MARC、GILS 和 FGDC/CSDGM 是这类 Metadata 的典型代表。

第三，资源管理（Resource Administration），支持资源的存储和使用管理，数据元素除比较全面的著录描述信息外，还往往包括权利管理（Rights/Privacy Management）、电子签名（Digital Signature）、资源评鉴（Seal of Approval/Rating）、使用管理（Access Management）、支付审计（Payment and Accounting）等方面的信息。

第四，资源保护与长期保存（Preservation and Archiving），支持对资源进行长期保存，数据元素除对资源进行描述和确认外，往往包括详细的格式信息、制作信息、保护条件、转换方式（Migration Methods）、保存责任等内容。

元数据在地理空间信息中用于描述地理数据集的内容、质量、表示方式、空间参考、管理方式以及数据集的其他特征，它是实现地理空间信息共享的核心标准之一。

元数据标准的设计需要遵循以下设计原则：

（1）当前相关元数据标准众多，水环境与水生态数据库相关的元数据标准设计以《地理信息元数据标准》（GB/T 19710—2005），《城市地理空间框架数据标准》（CJJ 103—2004）为主要参考依据；

（2）元数据标准设计应该描述综合数据库中数据的内容、质量、状况和其他有关特征，满足数据管理、使用和浏览的要求；

（3）元数据标准的设计要求内容要简洁、实用，要易于元数据的产生和维护。

另外，有了元数据标准，为了保证产生的元数据的有效性，还需要有元数据编制规范，最大程度地保证元数据项采集的规范性，保证元数据的真实性和完整性。

适用于太湖流域综合数据库的元数据标准草案如表 3-15～表 3-22 所示：

表 3-15 系统的元数据标准

类	项	定义	约束条件	类型/域
1 元数据基本信息			M	
元数据基本信息	元数据标识	元数据的名称或标识	M	自由文本
	语种	元数据使用的语言	O	自由文本
	字符集	元数据使用的字符集	O	字符集枚举项
	元数据创建日期	创建元数据的日期	M	日期型
	元数据标准名称	元数据的标准名称	M	自由文本
	元数据标准版本	元数据的标准版本	M	自由文本
2 数据集基本信息			M	
数据集基本信息	数据集标题	数据集的标题	M	自由文本
	数据集标识	数据集的唯一标识符	M	自由文本
	数据集分类	数据集所属的数据类别	M	分类码表项
	关键词	数据集内容的关键词描述	M	自由文本
	数据集摘要	对数据集的简要描述	M	自由文本
	使用目的	数据集的使用目的	O	自由文本
	数据格式名称	数据格式的名称	O	自由文本
	数据格式版本	数据格式的版本	O	自由文本
	数据集完成日期	完成数据集的时间	O	日期
	数据更新日期	更新数据的日期	O	日期

类	项	定义	约束条件	类型/域
3 数据集内容信息			M	
数据集内容信息	内容类型	数据的类型	M	空间/非空间
	空间数据类型	空间数据的类型	C（为空间数据）	矢量/栅格
	空间参照系	空间数据的参照系信息	C（当为空间数据）	
	范围信息	数据集的空间范围、时间范围等	C（当数据内容存在空间维或时间维）	
	数据集小位图	数据集直观的缩略图	C（当为空间数据）	
	几何类型	矢量空间数据集合类型	C（当为矢量数据）	几何类型枚举表项
	空间维数	矢量空间数据的维数	C（当为矢量数据）	二维/三维
	比例尺	等效比例尺分母	C（当数据集为二维矢量数据）	整数>0
	拓扑等级	空间关系的表达方法	C（当为矢量数据）	拓扑等级类型枚举表项
	栅格类型	标示栅格数据内容类型	C（当为栅格数据）	网格/影像
	栅格维数	独立的空间-时间轴的数目	C（当为栅格数据）	整数据值>0
	维列数	每个维轴方向元素数目	C（当为栅格数据）	
	空间分辨率	地面采样间隔	C（当为栅格数据）	实型数
	空间度量单位	空间数据的度量单位	C（当为空间数据）	自由文本
	时间分辨率	数据内容具有时间度量	C（数据内容包含时间维）	自由文本
	时间度量单位	数据内容的时间度量单位	C（数据内容包含时间维）	自由文本
4 数据集引用信息			M	
数据集引用信息	数据集作者	数据集的作者姓名	M	自由文本
	数据集出版日期	数据集出版的日期	O	日期
	数据集来源	数据集的来源或出处	O	自由文本
	数据集版权所有者	数据集版权所有者名称或姓名	O	自由文本
	版权声明	数据集的版权声明	O	自由文本
	补充说明	对数据引用的补充说明	O	自由文本
5 数据集限制信息			M	
数据集限制信息	安全限制	安全限制分级	M	安全限制分级枚举表项
	用途限制	用途限制说明	O	自由文本
6 数据质量信息			M	
	数据质量报告	数据质量的总体介绍报告	M	自由文本
	精度报告	数据空间精度、时间精度等精度信息	O	自由文本
	数据志	数据产生过程的描述	O	自由文本

类	项	定义	约束条件	类型/域
7 参照系信息			C	
参照系信息	大地坐标参照系名称	大地坐标参照系名称	C	大地坐标参照系枚举表项
	垂直坐标参照系名称	垂直坐标参照系名称	C	垂直坐标参照系枚举表项
	投影	投影方式	C	自由文本
	投影参数	基于投影方式的投影参数描述	O	自由文本
8 范围信息			C	
范围信息	平面空间范围	平面二维坐标范围	C	
	三维坐标范围	三维数据坐标范围	C	
	时间轴范围	时间维的值范围	C	
9 平面空间范围			C	
平面空间范围	*X* 轴最大值	*X* 轴数据值的最大值	C	浮点
	X 轴最小值	*X* 轴数据值的最小值	C	浮点
	Y 轴最大值	*Y* 轴数据值的最大值	C	浮点
	Y 轴最小值	*Y* 轴数据值的最小值	C	浮点
10 数据 Z（三维数据）轴范围			O	
数据 Z（三维数据）轴范围	*Z* 方向最小值	最小高程值	C	浮点
	Z 方向最大值	最大高程值	C	浮点
11 数据时间轴范围			O	
数据时间轴范围	内容开始时间	数据内容描述的最早时间	C	日期
	内容结束时间	数据内容描述的最晚时间	C	日期
12 维列数			C	
维列数	第一维列数	栅格数据第一维元素数	C（当栅格数据至少具有一个维度）	整型数
	第二维列数	栅格数据第二维元素数	C（当栅格数据至少具有两个维度）	整型数
	第 *n* 维列数	栅格数据第 *n* 维元素数	C（当栅格数据至少具有 *n* 个维度）	整型数
13 数据集小位图			C	
数据集小位图	影像类型	图像的类型	C	自由文本
	影像宽度	图像的宽度	O	整型
	影像高度	图像的高度	O	整型
	影像数据	图像的数据	C	64 位图
14 遥感影像数据的基本信息			C	
遥感影像数据的基本信息	卫星名称	获取数据的卫星名称	M	自由文本
	传感器名称	获取数据的传感器名称	M	自由文本
	获取时间	卫星获取数据的时间	O	日期
	图像轨道号	卫星获取数据时所在轨道号	O	自由文本
	图像分辨率	遥感影像的空间分辨率	O	自由文本
	图像处理级别	遥感影像的处理级别	O	处理级别枚举表项

表 3-16 字符集枚举表

序号	名称	说明
1	Big5	
2	GB2312	
3	GB18030	
4	Ucs2	基于 ISO 10646 的 16 位定长通用字符集
5	Ucs4	基于 ISO 10646 的 32 位定长通用字符集

表 3-17 安全限制分级枚举表

序号	名称	说明
1	公开	数据集可以公开
2	内部	数据集一般不公开
3	秘密	受委托者可以使用该信息
4	机密	除经挑选的人员外，对所有其他人保密
5	绝密	最高机密

表 3-18 拓扑等级枚举表

序号	名称	说明
1	单纯几何	
2	一维拓扑	
3	二维拓扑	
4	三维拓扑	
5	其他	

表 3-19 几何目标类型枚举表

序号	名称	说明
1	点	
2	线	
3	面	
4	体	
5	其他	

表 3-20 大地坐标参照系枚举表

序号	名称	说明
1	1954 年北京坐标系	
2	1980 年国家大地坐标系	
3	WG S84	
4	地方独立坐标系	相对独立于国家坐标系外的局部平面直角坐标系
5	其他	

表 3-21 垂向坐标参照系枚举表

序号	名称	说明
1	1956 年黄海高程系	
2	1985 国家高程基准	
3	地方独立高程系	相对独立于国家高程系外的局部坐标系
4	其他	

表 3-22 影像处理等级枚举表

序号	名称	说明
1	辐射校正	
2	几何粗校正	
3	几何精校正	
4	正射纠正	

3.2.6.3 分类编码设计

按照太湖流域综合数据库的内容，以《专题地图信息分类与代码》国家标准为基础，进行适当扩展形成太湖流域水环境与水生态数据库分类标准，不过这里要强调的是本数据分类并非只对应地图信息，分类下的数据也可以是非空间化的表格数据。在数据分类标准中，综合数据库的数据可以分为遥感数据、地理基础信息、环境背景信息、观测数据和产品数据这五个主题类，在主题类下再设若干一级子类。

地理基础信息：行政边界、流域边界、水系、道路、城镇等基础地理数据；

环境背景信息：土地利用数据、气象数据（气温和降水）、污染源数据等；

观测数据：气象观测数据、水文观测数据、环境监测数据；

遥感数据：ALOS 影像数据、TM 遥感数据、航空影像数据；

产品数据：水生态功能分区数据、控制单元数据、专题数据产品。

（1）设计要求

数据分类标准的制定需要符合下列要求：

①数据分类的内容

数据分类标准所描述数据内容，应以综合数据库中业务数据内容为依据，数据分类标准所描述的内容包括：遥感数据、基础地理数据、环境背景数据、环境监测数据和产品数据。

②数据分类的标准化要求

数据分类要以已经存在的国家和行业标准为依据，要以这些分类标准为设计的出发点，再根据综合数据库待分类的内容，合理制定分类标准。当前参考的分类标准有：《专题地图信息分类与代码》（GB/T 18317—2001）；《国土基础信息数据分类与代码》（BG/T 13923—92）；《城市地理空间框架数据标准》（CJJ 103—2004）。

③数据分类的扩展性

数据分类由主题类和各级子类构成，主题类是稳定的，一般不需要进行扩展，而各级子类可以根据数据的实际情况，进行扩展或是裁减。

④适用范围

本数据分类标准（表 3-23）适用于太湖流域综合数据库建库，保存中间分析成果，以及制作相关的数字产品。

（2）编码结构设计

数据分类编码将采用六位数字型代码，结构如下：

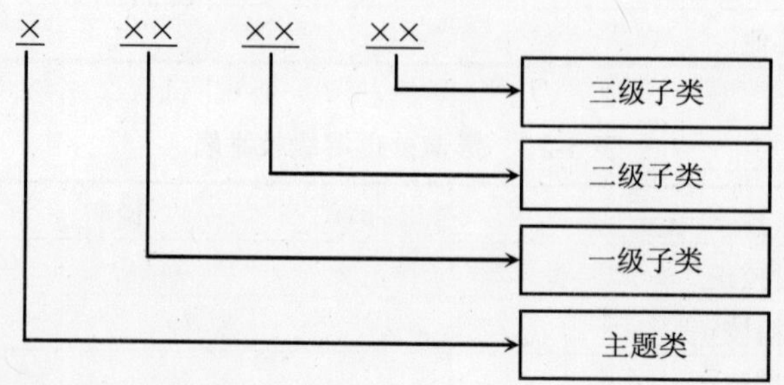

第一位代表主题类，用一位数字 1—9 表示；

第二位代表一级子类，用一位数字 1—9 表示；

第三、四位代表二级子类，用二位数字 01—99 表示；

第五、六位代表三级子类，用二位数字 01—99 表示。

（3）编码结构表

数据分类编码结构见表 3-23。

表 3-23 数据分类编码总表

主题类	一级子类	二级子类	三级子类	名称
1				基础地理数据
	11			地理数据
		1101		地理格网
			110101	经纬网
			110102	控制点
		1102		水体
			110201	河流
			110202	运河、渠道
			110203	湖泊
			110204	水库
			110205	沼泽
			110206	海域
		1103		居民地
			110301	首都
			110302	省级行政中心
			110303	特别行政区中心
			110304	地、市级行政中心
			110305	县级行政中心
			110306	镇、乡级行政中心
			110307	村庄
		1104		交通、通信

主题类	一级子类	二级子类	三级子类	名称
			110401	铁路
			110402	公路
			110403	通信设施
			110404	能源设施（油、气管线）
			110405	航空线
			110406	航海线
		1105		行政区
			110501	国家级
			110502	省级
			110503	特别行政区
			110504	地、市级
			110505	县级
			110506	乡、镇级
		1106		地形
			110601	高程点
			110602	等高线
			110603	数字高程模型
		1107		地面特殊地物
			110701	自然景观地物
			110702	人文地物
			110703	其他地物
		1108		基础设施
			110801	电厂
			110802	工厂
			110803	水利设施
	12			统计单元
		1201		行政单元
2				环境背景信息
	21			自然条件
		2101		气候
			210101	气候区划
			210102	气候类型
		2102		水文
			210201	流域分区
			210202	水文区划
			210203	水质分区
		2103		土壤
			210301	土壤区划
			210302	土壤类型
			210303	土壤母质
			210304	土壤养分

主题类	一级子类	二级子类	三级子类	名称
			210305	土壤化学
		2104		植被
			210401	植被区划
			210402	植被类型
		2105		动物
			210501	动物区划
			210502	动物分布
		2106		自然保护区
	22			自然资源
		2201		土地资源
			220101	土地资源类型
			220102	土地利用
			220103	土地覆盖
			220104	土地规划
			220105	土地权属
		2202		水资源
			220201	水资源分区
			220202	水资源利用分区
		2203		矿产资源
		2204		森林资源
		2205		海洋资源
			220501	海洋矿产资源
			220502	海洋生物资源
		2206		旅游资源
	23			社会经济
		2301		人口
			230101	性别构成
			230102	年龄构成
			230103	文化程度
			230104	职业构成
			230105	人口变动
			230106	民族构成
		2302		综合经济
			230201	工业
			230202	农业
			230203	服务业
			230204	国民生产统计
			230205	国民收入统计
			230206	财政统计
			230207	对外经济贸易
		2303		农村调查
			230301	家庭基本情况
			230302	居住情况

主题类	一级子类	二级子类	三级子类	名称
			230303	就业情况
			230304	收入、支出情况
		2304		医疗卫生
			230401	卫生
	24			生态环境
		2401		自然灾害
			240101	水灾
			240102	旱灾
			240103	风灾
			240104	冰雹雪灾
			240105	森林火灾
			240106	滑坡、泥石流
			240107	地震
			240108	病、虫灾害
		2402		生态环境变化
			240201	植被指数变化
			240202	水质变化
			240203	土壤养分变化
			240204	水土流失
			240205	荒漠化
			240206	土壤侵蚀
		2403		环境污染
			240301	空气污染
			240302	水体污染
			240303	土壤污染
		2404		环境调查
			240401	化肥施用
			240402	农药使用
			240403	水资源利用
			240404	工业污染源
			240405	农业污染源
			240406	城镇污水
			240407	村落污染物排放
			240408	养殖业污染物排放
			240409	船舶污染
3				观测数据
	31			气象观测
		3101		气象站点
			310101	气温
			310102	降水
			310103	风向风速
			310104	太阳辐射
	32			水文观测

主题类	一级子类	二级子类	三级子类	名称
		3201		水文站点
			320101	河流径流量
			320102	河流流速
			320103	水体水文属性
	33			环境监测
		3301		大气监测
			330101	气溶胶监测
			330102	污染物监测
		3302		水体监测
			330201	地表水水质
			330202	水温
			330203	盐度
			330204	叶绿素
			330205	TN
			330206	TP
			330207	COD
			330208	SO_2
			330209	pH 值
		3303		土壤监测
			330301	土壤污染
		3304		生态监测数据
			330401	水生生物
			330402	水生植物
	34			地面光谱数据
4				遥感数据
	41			卫星遥感数据
		4101		MODIS 数据
		4102		NOAA 数据
		4103		SPOT VGT 数据
		4104		TM 数据
		4105		Radar sat 数据
		4106		Spot5.iknos，Quickbird 数据
		4107		中巴卫星数据
	42			航空影像数据
	43			SAR 数据
	44			高光谱数据
5				产品数据
	51			分区数据
		5101		水功能分区数据
		5102		生态主体功能区划数据
		5103		水环境生态功能分区数据
		5104		水质目标管理控制单元数据
	52			环境专题产品

主题类	一级子类	二级子类	三级子类	名称
		5201		大气环境产品
			520101	气溶胶
			520102	可吸入颗粒物
			520103	污染物沉降
		5202		植被环境产品
			520201	植被覆盖指数
			520202	初级生产力图
			520203	地表温度
			520204	叶面指数
			520205	蒸散潜力
			520206	地表裸露率
			520207	NDVI 产品
		5203		生物生态环境产品
			520301	生物丰度指数
			520302	物种丰富度
			520303	物种分布图
			520304	生物多样性变化
			520305	自然保护区网络图
			520306	生态系统服务功能
		5204		土壤环境产品
			520401	土地覆盖/土地利用现状
			520402	水土流失状况
			520403	水土流失变化
			520404	土壤含水量分布图
		5205		地貌生态环境产品
		5206		水环境数据
			520601	水网密度指数
			520602	叶绿素 a 含量
			520603	水表面温度
			520604	透明度（混浊）
			520605	热污染异常度
			520606	水环境状态指数
			520607	区内单位降雨量下的产流量
			520608	水污染负荷指数
			520609	洪涝区域分布图
			520610	灾情评估报告
		5207		其他产品
			520701	污染负荷指数
			520702	生态环境质量指数
			520703	生态环境质量等级
			520704	工程的环境影响评价

*地理基础和环境背景数据编码遵照标准 GB/T 18317—2001 设计。

3.3 数据库物理设计

数据库物理设计是对给定的逻辑数据模型选取一个最适合应用环境的物理结构和存储路径的过程。其主要任务是为有效地实现逻辑模式，确定所采取的存储策略。此阶段以逻辑设计的结果作为输入，结合具体的 DBMS（数据库管理系统（Database Management System））的特点及存储设备特性来选定数据库在物理设备上的存储结构和存取方法。选定之后，再通过应用系统所选用的 DBMS 提供的数据描述语言把逻辑设计结果描述出来。

物理设计中，必须深入了解给定的 DBMS 的功能，所提供的物理环境和工具，以及硬件环境，特别是存储设备的特征。此外，还应了解应用环境的具体要求，如各种应用的数据存取方法、处理频率、响应时间、任务的重要程度等。物理数据库就是指数据库中实际存储记录的格式，逻辑次序和物理次序、访问路径、物理设备的分配。数据库的物理设计与特定的 DBMS 实施环境密切相关，各系统之间差别很大，因而所采用的设计方法也不尽相同。

设计概述部分综合描述专业大类物理数据模型设计在表结构设计、关键件设计、语义约束设计、索引设计、触发器设计和安全设计等方面运用到的方法、原则、策略，并对物理设计结果进行总结评价。

3.3.1 表结构设计

3.3.1.1 表标识设计

对于数据库标识的命名，如果不确定一个统一的命名规则，则会大大降低数据库的开发和应用效率，增加维护的难度，有时还会出现命名冲突等问题。因此确定数据库表结构命名规则如下：有国家标准的引用国家标准，有行业标准的引用行业标准；有国际标准或者习惯用法，参照国际标准或者习惯用法；无标准的按自定义规则命名。

在表结构命名方法中，有基于名字结构的层次命名规则和非层次命名规则。层次命名规则比较复杂，但是可以满足不断扩展的大型系统的要求。非层次的命令虽然使用和映射比较简单，但用于大型系统的唯一性要求难以保证。水利基础数据库属大型数据库，为了保证命名的唯一性和扩展性，必须采用层次命名法。按照层次命名规则，用前缀说明数据库类型，中间部分为信息内容，后面部分说明表类型。表标识的基本结构如图 3-15 所示。

其中有 *y*[*y*[···]] 位信息内容标识，由不超过 8 位大写字母 A-Z 或数字 0—9 组成，以大写字母打头，采用中文首字母加序号，有标准或习惯性缩写的则采用标准或习惯性缩写。Z 为表类型标识，其取值规则为：B 基本表；M 统计表；C 代码表。

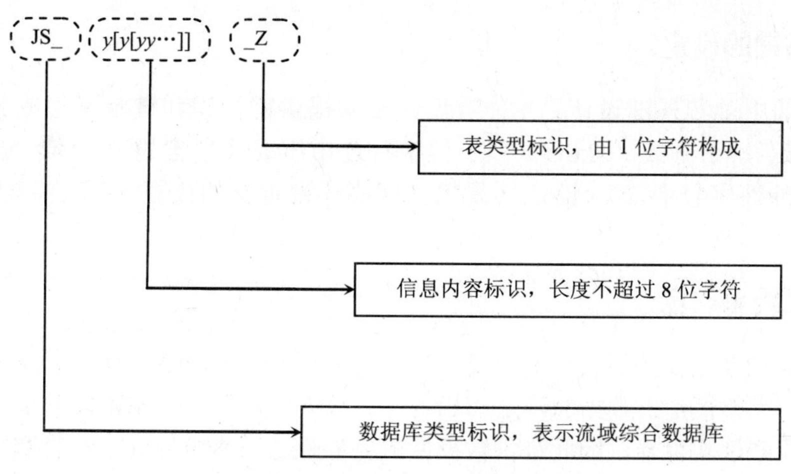

图 3-15 表标识的基本结构

3.3.1.2 字段标识设计

字段标识按照信息名称规则，其基本结构为

$$y[y[y\cdots]]$$

字段标识由不超过 30 位大写字母“A—Z”或数字“0—9”或下划线“_”组成，以字母打头，采用中文首字母加序号。字段标识要保证统一表内字段标识符的唯一性。字段标识符采用能表达数据项含义的应为单词或英文单词缩写构造，如果有标准习惯或习惯性缩写的则采用标准或习惯性缩写。

3.3.1.3 主键标志设计

数据库表结果的主键一般采取依赖于表结构命名的规则。命名组成的规则是“PK_表名”，字母采用大写。

3.3.1.4 数据类型运用

数据类型使用大型数据库通用的数据类型，不适用自定义的类型。数据库中数据类型的使用情况规则归纳如表 3-24 所示。

表 3-24 数据类型使用情况规则归纳一览表

数据类型	使用条件	长度定义	举例说明
Char	用于固定长度的字符型数据类型	实际字符长度	例如取水许可证编号代码
Varchar2	用于可变长度的字符型数据类型	电话号码等定义 20，单位名称，地址定义 60，文字说明定义 200	例如取水单位名称，地址
Numeric	用于数字型字段的数值描述	Numeric（m，n），其中 m 代表小数点前整数部分长，m-n，n 代表小数点后长度	例如取水量，排污量
Integer	用于整型	实际长度	例如单位数量
Date	用于时间类型字段	Date，time，smalltime 等数据类型	例如开工日期
Blob	用于大二进制对象		例如扩展名为 doc 的文件

3.3.2 关系键的设定

包括表的主键和外键设计。各种键设计要求提供键标识和键定义说明。其中，键标识由“表标识”、下划线、“key”、“i”等字符连串组成（主键的“i”取“0”字符，外键的“i”取外键序号字符）。键定义采用文字描述键定义的依据，并含有键定义的 SQL 代码。

3.3.3 语义约束设定

语义约束设计主要包括实体完整性、属性完整性、引用完整性等约束需求及其规则定义。数据库的完整性是指数据的确定和相容性。数据库是否具有完整性关系到数据库系统能否真实地反映现实世界，因此维护数据库的完整性是非常重要的。维护数据的完整性，DBMS 必须提供一种机制来检查数据库中的数据，看其是否满足语义规定的条件。这些加在数据库数据之上的语义约束条件称为数据库完整性约束条件，它们作为模式的一部分存入数据库中。而 DBMS 中检查数据是否满足完整性条件的机制称为完整性检查。

完整性约束条件作用的对象可以是关系、元组、列 3 种。其中列约束主要是列的类型、取值范围、精度、排序等的约束条件。元组的约束是元组中各个字段间的联系的约束。关系的约束是若干元组间、关系集合上及关系之间的联系的约束。完整性约束条件涉及的这 3 类对象，其状态可以是静态的，也可以是动态的。一般可以将完整性约束条件分为以下 6 类。

（1）静态列级约束

静态列级约束是对一个列的取值域的说明，这是最常用也最容易实现的一类完整性约束，包括以下几方面：对数据类型的约束，包括数据的类型、长度、单位、精度等；对数据格式的约束；对取值范围或取值集合的约束；对空值的约束；其他约束。

（2）静态元组约束

一个元组是由若干个列值组成的，静态元组约束就是规定元组的各个列之间的约束关系。

（3）静态关系约束

在一个关系的各个元组之间或者若干关系之间常常存在各种联系或约束。常见的静态关系约束有：实体完整性约束与参照完整性约束。实体完整性约束和参照完整性约束是关系模型的两个极其重要的约束，称为关系的两个不变形。

（4）动态列级约束

动态列级约束是修改列定义或列值时对应满足的约束条件，包括下面两方面：修改列定义时的约束，例如，将允许空值的列改为不允许空值时，如果该列目前已存在空值，则拒绝这种修改；修改列值时的约束，修改列值有时需要参照其旧值，并且新旧值之间需要满足某种约束条件。

（5）动态元组约束

动态元组约束是指修改元组的值时，元组中各个字段间需要满足某种约束条件。

（6）动态关系约束

动态关系约束是加在关系变化前后状态上的限制条件，例如事务一致性、原子性等约束条件。

3.3.4 索引设计

存储记录是属性值的集合，主关键字（或候选关键字）唯一确定一个记录。在主关键字上应建立唯一索引，这样能改善查询性能、保证数据的完整性并防止关键字重复值的录入。对主关键字建立索引，则插入元组或修改某个元组的键码属性时，都可利用索引来检验在键码属性上具有相同值的元组是否已存在。如果存在，系统就必须阻止这次更新操作，从而保持键码属性值的唯一性。

在数据库中，用户访问的最小单位是属性，如果对某些非主属性的检索很频繁，可以考虑按这些属性建立索引文件。索引文件对存储记录重新进行内部链接，从逻辑上改变记录的位置关系，获得访问数据的新入口，以提高查询效率。

多建立索引文件可以缩短存取时间，但同时增加了索引文件所占用的存储空间及索引维护开销。因此，在实际中应根据用户的需求综合考虑，权衡利弊来确定。索引的建立方式采用对表的主关键字建立索引与对某些检索很频繁的非主属性建立索引。Oracle 中索引有 3 种形式：簇索引、表索引和位映射索引。簇索引是把簇关键字存储在簇中；表索引除了确定行的物理位置（RowID）外，还有存储表的行值；位映射索引是表索引的一种特殊形式，用于对大表进行查询。

3.3.5 分割分区设计

数据库系统一般有多个磁盘驱动器，有些系统还带有磁盘阵列（disk array）。数据在多个磁盘组上的分布也是数据库物理设计的内容之一，这就是所谓的分区设计（partition design）。分区设计应遵循如下原则与要求。

（1）减少访盘冲突，提高 I/O 的并行性

多个事务并发访问同一磁盘组时，会因访盘冲突而等待。如果事务访问的数据分布在不同的磁盘组上，则可并行地执行 I/O，从而提高数据库的效率。从减少访盘冲突、提高 I/O 并行性的观点来看，一个关系最好不要放在一个磁盘组上，而是水平分割成多个部分，分布到多个磁盘组上。分割在表面上看似乎与聚集是矛盾的，实际上聚集是把聚集属性相同的元组在同一磁盘组上存放，以减少 I/O 次数；分割是将整个关系分布到不同的磁盘组上，利用并行 I/O 提高性能。然而两者是相辅相成的，分割的策略决定于查询的特征，可以按属性值分割，也可以不按属性值分割。例如，按元组的输入次序轮流存放到各个磁盘组上。

（2）分散热点数据，均衡 I/O 负荷

实践证明，数据库中的数据被访问的频率是很不均匀的。经常访问的数据，称为热点数据（hot spot data）。热点数据最好分散存放在各个磁盘组上，以均衡各个磁盘组的负荷，充分发挥多个磁盘组并行操作的优势。

（3）保证关键数据的快速访问，缓解系统的瓶颈

在数据库系统中，有些数据，例如数据目录，是每次访问的“必经之地”，其访问速度影响整个系统的性能。还有些数据从应用的角度来说，对性能的要求特别高，例如某些实时控制数据，这些数据要优先分配到快速磁盘上。有时甚至为减少访问冲突，宁可闲置一些存储空间，将某一磁盘组供其专用。

3.3.6 触发器设计

触发器（trigger）是一些过程，与表关系密切，用于保护表中的数据，当一个基表被修改（INSERT，UPDATE，DELETE）时，触发器自动执行，例如通过触发器可实现多个表间的数据一致和完整性。触发器与应用程序无关。一般情况下，对数据的维护有插入、修改、删除 3 种操作，因此维护数据的触发器可分为 INSERT、UPDATE 和 DELETE。在 Oraclelog 中，每张基表最多可建 12 个触发器。

对表的完整性约束需求采用触发器进行约束。触发器标识命名规则如下：

表标识_tr_x（X 取值为："i"字符为 insert 触发器，"d"字符为 delete 触发器，"u"字符为 update 触发器）。

在 Oraclelog 中，创建触发器必需的限制有：

1）代码的大小。触发器代码必须小于 32K；

2）触发器中有效语句可以包括 DML 语句，但是不能包括 DDL 语句，ROLLBACK、COMMIT、SAVEPOINT 也不能使用；

3）LONG、LONGRAW 和 LOB 的限制；

4）引用包变量的限制。

3.3.7 安全设计

安全设计最基本的手段是访问控制。访问控制是对用户访问数据库各种资源（包括基本表、视图、各种目录及使用程序等）的权限（包括建立、撤销、查询、增、删、改等）的控制。数据库用户按照其访问权限的大小分为以下 3 类。

（1）一般数据库用户

这种用户为"具有 CONNECT 权限的用户"。这种用户可以与数据库连接，并具有以下权限：按照权限可以查询或更新数据库中的数据，可以建立视图或定义数据的别名。

（2）具有支配部分数据库资源权限的数据库用户

这种用户，除具有一般数据库用户所拥有的权限外，还具有下列权限：可以建立表和索引；可以授予或收回其他数据库用户对其所建立的数据对象的访问权；有权对其所建立的数据对象跟踪审查。

（3）DBA 权限的数据库用户

DBA 拥有支配整个数据库资源的特权。这种用户除具有上述两种用户所拥有的一切权限外，还有权访问数据库中的任何数据；不但可以授予或收回数据库用户对数据对象的访问权，还可以批准或收回数据库用户；可以为所有用户的总称 Public 定义别名；有权对数据库进行调整、重组或重构；有权控制整个数据库的跟踪审查。

不同的用户对数据库有不同的访问权。DBMS 即是按照用户的访问权限来控制其访问的，即根据用户所拥有的权限来判断其每次数据库操作是否合法。

3.3.8 设计结果总述

数据库的物理设计过程需要对时间效率、空间效率、维护代价和各种用户要求进行权衡，通过定量估算各种方案的存储空间、存储时间和维护代价，对估算结果进行权衡、比较，可得出较优的合理的物理结构。在本数据库物理设计中，主要运用以下措施以提高数据库的安全性及数据访问效率。

（1）在关系数据库中，物理设计主要指存取方法和存取结构。存取方法是快速存取数据库中数据的技术。在本数据库建设时，主要使用索引技术。使用索引的时候应该注意：在表中插入数据后创建索引；索引正确的标和列；合理安排索引列；限制表中索引的数量；指定索引数据块的使用；指定索引大小、设置存储参数。

（2）为提高系统性能，应该根据实际情况将数据的易变部分和稳定部分、经常存取部分和存取频率较低的部分分开存放。

（3）为提高数据库存取效率，数据库需采用多磁盘并行技术，因此可以把表和索引放在不同磁盘上，这样可以提高物理 I/O 读写的效率；也可以将较大的表（如“单个含水层基本情况”）分在两个磁盘上，以加快存取速度，还可以将日志文件和数据库对象放在不同的磁盘上改进系统的性能。

（4）DBMS 产品一般都提供一些系统配置变量、存储分配参数，供 DBA 对数据库进行物理优化。系统配置变量主要包括：同时使用数据库的用户数，同时打开数据库对象数，内存分配参数，缓冲区分配参数，存储分配参数，物理块的大小，时间片大小，数据库的大小，所得数目。应针对具体应用环境，确定这些参数，使系统性能最佳。

（5）在物理设计时，对系统变量的调整只是初步的，在系统运行时还要根据系统实际情况做进一步的调整，以期切实改进系统技能。

3.3.9 数据结构定义

太湖流域综合数据库的数据库表结构包括表列名、数据类型、关键字设置和中文名称等信息。

太湖流域综合数据库的数据结构定义见表 3-25～表 3-51。

表 3-25 池塘养殖

列名（英文）	数据类型	备注 1	备注 2
CODE	VARCHAR2（500）		代码
NAME	VARCHAR2（500）		名称
PROVINCE	VARCHAR2（500）		省（自治区、直辖市）
CITY	VARCHAR2（500）		地区（市、州、盟）
COUNTY	VARCHAR2（500）		县（区、市、旗）
TOWN	VARCHAR2（500）		乡（镇）
VILLAGE	VARCHAR2（500）	关键字	街（村）、门牌号
AREA	VARCHAR2（500）		11.养殖面积
AMOUNT_TO_RIVER	VARCHAR2（500）		16.排入外部水体量
TO_WHICH_WATER	VARCHAR2（500）		17.受纳水体名称
PRINCIPAL	VARCHAR2（500）		负责人
FRY	VARCHAR2（500）		10.养殖产品类别
SPECIES_NAME_1	VARCHAR2（500）		21.养殖品种名称 1
SPECIES_CODE_1	VARCHAR2（500）		22.养殖品种代码 1
INPUT_1	VARCHAR2（500）		23.投放量 1

列名（英文）	数据类型	备注 1	备注 2
OUTPUT_1	VARCHAR2（500）		24.产量 1
SPECIES_NAME_2	VARCHAR2（500）		21.养殖品种名称 2
SPECIES_CODE_2	VARCHAR2（500）		22.养殖品种代码 2
INPUT_2	VARCHAR2（500）		23.投放量 2
OUTPUT_2	VARCHAR2（500）		24.产量 2
SPECIES_NAME_3	VARCHAR2（500）		21.养殖品种名称 3
SPECIES_CODE_3	VARCHAR2（500）		22.养殖品种代码 3
INPUT_3	VARCHAR2（500）		23.投放量 3
OUTPUT_3	VARCHAR2（500）		24.产量 3
SPECIES_NAME_4	VARCHAR2（500）		21.养殖品种名称 4
SPECIES_CODE_4	VARCHAR2（500）		22.养殖品种代码 4
INPUT_4	VARCHAR2（500）		23.投放量 4
OUTPUT_4	VARCHAR2（500）		24.产量 4
SPECIES_NAME_5	VARCHAR2（500）		21.养殖品种名称 5
SPECIES_CODE_5	VARCHAR2（500）		22.养殖品种代码 5
INPUT_5	VARCHAR2（500）		23.投放量 5
OUTPUT_5	VARCHAR2（500）		24.产量 5
SPECIES_NAME_6	VARCHAR2（500）		21.养殖品种名称 6
SPECIES_CODE_6	VARCHAR2（500）		22.养殖品种代码 6
INPUT_6	VARCHAR2（500）		23.投放量 6
OUTPUT_6	VARCHAR2（500）		24.产量 6
SPECIES_NAME_7	VARCHAR2（500）		21.养殖品种名称 7
SPECIES_CODE_7	VARCHAR2（500）		22.养殖品种代码 7
INPUT_7	VARCHAR2（500）		23.投放量 7
OUTPUT_7	VARCHAR2（500）		24.产量 7
SPECIES_NAME_8	VARCHAR2（500）		21.养殖品种名称 8
SPECIES_CODE_8	VARCHAR2（500）		22.养殖品种代码 8
INPUT_8	VARCHAR2（500）		23.投放量 8
OUTPUT_8	VARCHAR2（500）		24.产量 8
COD_P	VARCHAR2（500）		COD 排放量
NH_3_N_P*	VARCHAR2（500）		氨氮排放量
TN_P	VARCHAR2（500）		总氮排放量
TP_P	VARCHAR2（500）		总磷排放量
COD_R	VARCHAR2（500）		COD 入河量
NH_3_N_R*	VARCHAR2（500）		氨氮入河量
TN_R	VARCHAR2（500）		总氮入河量
TP_R	VARCHAR2（500）		总磷入河量
COD_C	VARCHAR2（500）		COD 产生量
NH_3_N_C*	VARCHAR2（500）		氨氮产生量
TN_C	VARCHAR2（500）		总氮产生量
TP_C	VARCHAR2（500）		总磷产生量

注：*NH_3_N 为氨氮（NH_3-N）在数据库中的数据结构定义。

表 3-26 二层分配系数表

列名（英文）	数据类型	备注 1	备注 2
YEAR	VARCHAR2（500）		时间
PROVINCE	VARCHAR2（500）		省
CITY	VARCHAR2（500）		市
CONTROLID	VARCHAR2（500）	关键字	控制单元 ID
YZ_COD_XIANZHRATIO	VARCHAR2（500）		养殖业源 COD 现状排污量所占权重
YZ_NH_3_N_XIANZHRATIO	VARCHAR2（500）		养殖业源 NH_3-N 现状排污量所占权重
YZ_TN_XIANZHRATIO	VARCHAR2（500）		养殖业源 TN 现状排污量所占权重
YZ_TP_XIANZHRATIO	VARCHAR2（500）		养殖业源 TP 现状排污量所占权重
YZ_COD_JINGJIRATIO	VARCHAR2（500）		养殖业源 COD 经济产值所占权重
YZ_NH_3_N_JINGJIRATIO	VARCHAR2（500）		养殖业源 NH_3-N 经济产值所占权重
YZ_TN_JINGJIRATIO	VARCHAR2（500）		养殖业源 TN 经济产值所占权重
YZ_TP_JINGJIRATIO	VARCHAR2（500）		养殖业源 TP 经济产值所占权重
YZ_COD_WEIHAIRATIO	VARCHAR2（500）		养殖业源 COD 危害程度系数所占权重
YZ_NH_3_N_WEIHAIRATIO	VARCHAR2（500）		养殖业源 NH_3-N 危害程度系数所占权重
YZ_TN_WEIHAIRATIO	VARCHAR2（500）		养殖业源 TN 危害程度系数所占权重
YZ_TP_WEIHAIRATIO	VARCHAR2（500）		养殖业源 TP 危害程度系数所占权重
ZPS_COD_XIANZHRATIO	VARCHAR2（500）		直排生活源 COD 现状排污量所占权重
ZPS_NH_3_N_XIANZHRATIO	VARCHAR2（500）		直排生活源 NH_3-N 现状排污量所占权重
ZPS_TN_XIANZHRATIO	VARCHAR2（500）		直排生活源 TN 现状排污量所占权重
ZPS_TP_XIANZHRATIO	VARCHAR2（500）		直排生活源 TP 现状排污量所占权重
ZPS_COD_WURANRATIO	VARCHAR2（500）		直排生活源 COD 污染物入河系数所占的权重
ZPS_NH_3_N_WURANRATIO	VARCHAR2（500）		直排生活源 NH_3-N 污染物入河系数所占权重
ZPS_TN_WURANRATIO	VARCHAR2（500）		直排生活源 TN 污染物入河系数所占权重
ZPS_TP_WURANRATIO	VARCHAR2（500）		直排生活源 TP 污染物入河系数所占权重
YZ_FENSAN_JINGJI	VARCHAR2（500）		养殖业源分散养殖经济产值
YZ_GUIMO_JINGJI	VARCHAR2（500）		养殖业源规模养殖经济产值
YZ_FENSAN_WEIHAI	VARCHAR2（500）		养殖业源分散养殖危害程度系数
YZ_GUIMO_WEIHAI	VARCHAR2（500）		养殖业源规模养殖危害程度系数
ZPS_NONGCUN_WURAN	VARCHAR2（500）		直排生活源农村污染物入河系数
ZPS_CHENGZHEN_WURAN	VARCHAR2（500）		直排生活城镇污染物入河系数

表 3-27 控制单元编码

列名（英文）	数据类型	备注 1	备注 2
PROVINCE	VARCHAR2（500）		省
CITY	VARCHAR2（500）		市
CONTROLUNITNUMBERS	VARCHAR2（500）		控制单元 ID
TOWN	VARCHAR2（500）	关键字	乡镇
TOWNSHIPAREARATIO	VARCHAR2（500）		乡镇所占的权重
TOWNAREA	VARCHAR2（500）		乡镇面积

表 3-28 控制单元河流

列名（英文）	数据类型	备注 1	备注 2
PROVINCE	VARCHAR2（500）		省
CITY	VARCHAR2（500）		市
CONTROLUNITNUMBERS	VARCHAR2（500）	关键字	控制单元 ID
RIVERNAME	VARCHAR2（500）		河流名称

表 3-29 控制单元系数表

列名（英文）	数据类型	备注 1	备注 2
YEAR	VARCHAR2（500）		年份
PROVINCE	VARCHAR2（500）		省
CITY	VARCHAR2（500）		市
CONTROLAREA	VARCHAR2（500）		控制单元面积
OTHERPARAM	VARCHAR2（500）		控制单元所占权重
CONTROLAREAID	VARCHAR2（500）	关键字	控制单元 ID

表 3-30 农村生活

列名（英文）	数据类型	备注 1	备注 2
CODE	VARCHAR2（500）		代码
VILLAGE	VARCHAR2（500）	关键字	名称
HOME_NUMBER	VARCHAR2（500）		7.户籍户数
POPULATION	VARCHAR2（500）		8.户籍人口
LOCALITE	VARCHAR2（500）		9.户籍常住人口
MIGRATOR	VARCHAR2（500）		10.外来常住人口
INCOME	VARCHAR2（500）		收入
HIGH_Y_Y	VARCHAR2（500）		12-1.高收入-有下水人数（有处理设施）
HIGH_Y_N	VARCHAR2（500）		12-2.高收入-有下水人数（无处理设施）
HIGH_N_N	VARCHAR2（500）		13.高收入-无下水人数
MIDDLE_Y_Y	VARCHAR2（500）		14-1.中等收入-有下水人数（有处理设施）
MIDDLE_Y_N	VARCHAR2（500）		14-2.中等收入-有下水人数（无处理设施）
MIDDLE_N_N	VARCHAR2（500）		15.中等收入-无下水人数
LOW_Y_Y	VARCHAR2（500）		16-1.低收入-有下水人数（有处理设施）

列名（英文）	数据类型	备注 1	备注 2
LOW_Y_N	VARCHAR2（500）		16-2.低收入-有下水人数（无处理设施）
LOW_N_N	VARCHAR2（500）		17.低收入-无下水人数
RECEIVING_WATER_NAME	VARCHAR2（500）		受纳水体名称
RECEIVING_WATER_CODE	VARCHAR2（500）		受纳水体代码
PROVINCE	VARCHAR2（500）		省（自治区、直辖市）
CITY	VARCHAR2（500）		地区（市、州、盟）
COUNTY	VARCHAR2（500）		县（区、市、旗）
TOWN	VARCHAR2（500）		乡（镇）
COD_C	VARCHAR2（500）		COD 产生量
NH_3_N_C	VARCHAR2（500）		氨氮产生量
TN_C	VARCHAR2（500）		总氮产生量
TP_C	VARCHAR2（500）		总磷产生量
COD_P	VARCHAR2（500）		COD 排放量
NH_3_N_P	VARCHAR2（500）		氨氮排放量
TN_P	VARCHAR2（500）		总氮排放量
TP_P	VARCHAR2（500）		总磷排放量
COD_R	VARCHAR2（500）		COD 入河量
NH_3_N_R	VARCHAR2（500）		氨氮入河量
TN_R	VARCHAR2（500）		总氮入河量
TP_R	VARCHAR2（500）		总磷入河量

表 3-31　一般工业源

列名（英文）	数据类型	备注 1	备注 2
NAME	VARCHAR2（500）	关键字	名称
PROVINCE	VARCHAR2（500）		省（自治区、直辖市）
CITY	VARCHAR2（500）		地区（市、州、盟）
COUNTY	VARCHAR2（500）		县（区、市、旗）
TOWN	VARCHAR2（500）		乡（镇）
LONGITUDE_D	VARCHAR2（500）		中心经度（度）
LONGITUDE_F	VARCHAR2（500）		中心经度（分）
LONGITUDE_M	VARCHAR2（500）		中心经度（秒）
LATITUDE_D	VARCHAR2（500）		中心纬度（度）
LATITUDE_F	VARCHAR2（500）		中心纬度（分）
LATITUDE_M	VARCHAR2（500）		中心纬度（秒）
INDUSTRIAL_PARK_CODE	VARCHAR2（500）		8.行业类别_代码
INDUSTRY_SECTOR	VARCHAR2（500）		8.行业类别_名称
VALUE	VARCHAR2（500）		14.工业总产值（万元）
CONSUMPTION_WATER	VARCHAR2（500）		1.用水总量
SEWAGE_C	VARCHAR2（500）		5.废水产生量
SEWAGE_P	VARCHAR2（500）		7.废水排放量
SEWAGE_PF_CODE	VARCHAR2（500）		12.废水主要排水去向类型代码

列名（英文）	数据类型	备注 1	备注 2
RECEIVING_WATER_NAME	VARCHAR2（500）		13.受纳水体名称
COD_C	VARCHAR2（500）		15.化学需氧量（产生量）原数据中给出的数值
COD_P	VARCHAR2（500）		15.化学需氧量（排放量）原数据中给出的数值
NH_3_N_C	VARCHAR2（500）		16.氨氮（产生量）原数据中给出的数值
NH_3_N_P	VARCHAR2（500）		16.氨氮（排放量）原数据中给出的数值
TN_P	VARCHAR2（500）		总氮排放量原数据中给出的数值
TP_P	VARCHAR2（500）		总磷排放量原数据中给出的数值
COD_R	VARCHAR2（500）		COD 入河量原数据中给出的数值
NH_3_N_R	VARCHAR2（500）		氨氮入河量原数据中给出的数值
TN_R	VARCHAR2（500）		总氮入河量原数据中给出的数值
TP_R	VARCHAR2（500）		总磷入河量原数据中给出的数值
COD_C_ALTER	VARCHAR2（500）		15.化学需氧量（产生量）根据公式计算出的数值
NH_3_N_C_ALTER	VARCHAR2（500）		16.氨氮（产生量）根据公式计算出的数值
COD_P_ALTER	VARCHAR2（500）		COD（排放量）根据公式计算出的数值
NH_3_N_P_ALTER	VARCHAR2（500）		16.氨氮（排放量）根据公式计算出的数值
TN_P_ALTER	VARCHAR2（500）		总氮（排放量）根据公式计算出的数值
TP_P_ALTER	VARCHAR2（500）		总磷（排放量）根据公式计算出的数值
COD_R_ALTER	VARCHAR2（500）		化学需氧量（入河量）根据公式计算出的数值
NH_3_N_R_ALTER	VARCHAR2（500）		氨氮（入河量）根据公式计算出的数值
TN_R_ALTER	VARCHAR2（500）		总氮（入河量）根据公式计算出的数值
TP_R_ALTER	VARCHAR2（500）		总磷（入河量）根据公式计算出的数值

表 3-32 城镇生活

列名（英文）	数据类型	备注 1	备注 2
CODE	VARCHAR2（500）		代码
NAME	VARCHAR2（500）		名称
POPULATION	VARCHAR2（500）		4.辖区内城镇常住人口（万人）
GARBAGE	VARCHAR2（500）		13.生活垃圾清运量（万 t）
CONSUMPTION_WATER	VARCHAR2（500）		19.生活用水总量（万 t）
CONSUMPTION_WATER_HOME	VARCHAR2（500）		20.其中：居民家庭用水总量（万 t）
RECEIVING_WATER_NAME1	VARCHAR2（500）		21.受纳水体名称 1
RECEIVING_WATER_NAME2	VARCHAR2（500）		21.受纳水体名称 2
RECEIVING_WATER_NAME3	VARCHAR2（500）		21.受纳水体名称 3
RECEIVING_WATER_NAME4	VARCHAR2（500）		21.受纳水体名称 4
RECEIVING_WATER_NAME5	VARCHAR2（500）		21.受纳水体名称 5
RECEIVING_WATER_CODE1	VARCHAR2（500）		22.受纳水体代码 1
RECEIVING_WATER_CODE2	VARCHAR2（500）		22.受纳水体代码 2
RECEIVING_WATER_CODE3	VARCHAR2（500）		22.受纳水体代码 3
RECEIVING_WATER_CODE4	VARCHAR2（500）		22.受纳水体代码 4
RECEIVING_WATER_CODE5	VARCHAR2（500）		22.受纳水体代码 5

列名（英文）	数据类型	备注 1	备注 2
POLLUTION_DISCHARGE1	VARCHAR2（500）		23.排入受纳水体的污水量 1（万 t）
POLLUTION_DISCHARGE2	VARCHAR2（500）		23.排入受纳水体的污水量 2（万 t）
POLLUTION_DISCHARGE3	VARCHAR2（500）		23.排入受纳水体的污水量 3（万 t）
POLLUTION_DISCHARGE4	VARCHAR2（500）		23.排入受纳水体的污水量 4（万 t）
POLLUTION_DISCHARGE5	VARCHAR2（500）		23.排入受纳水体的污水量 5（万 t）
PROVINCE	VARCHAR2（500）		省
CITY	VARCHAR2（500）		市
COUNTY	VARCHAR2（500）	关键字	区
TOWN	VARCHAR2（500）		乡镇
TN_C	VARCHAR2（500）		总氮产生量
TP_C	VARCHAR2（500）		总磷产生量
COD_C	VARCHAR2（500）		COD 产生量
NH_3_N_C	VARCHAR2（500）		氨氮产生量
TN_P	VARCHAR2（500）		总氮排放量
TP_P	VARCHAR2（500）		总磷排放量
COD_P	VARCHAR2（500）		COD 排放量
NH_3_N_P	VARCHAR2（500）		氨氮排放量
COD_R	VARCHAR2（500）		COD 入河量
NH_3_N_R	VARCHAR2（500）		氨氮入河量
TN_R	VARCHAR2（500）		总氮入河量
TP_R	VARCHAR2（500）		总磷入河量

表 3-33 排污口对应关系表

列名（英文）	数据类型	备注 1	备注 2
PCCODE	VARCHAR2（500）		代码
COMPANYNAME	VARCHAR2（500）		公司名称
DISTANCE	VARCHAR2（500）		区位因素
LONGTITUDE	VARCHAR2（500）		经度
LATITUDE	VARCHAR2（500）		纬度
CONTROLID	VARCHAR2（500）	关键字	控制单元 ID
PAIWUKOU	VARCHAR2（500）		排污口
HANGYEGUIBING	VARCHAR2（500）		行业归并
INDUSTRYVALUE	VARCHAR2（500）		工业价值
RECEIVEWATER	VARCHAR2（500）		受纳水体
SEWAGE_P	VARCHAR2（500）		废水排放量

表 3-34 生态服务系数

列名（英文）	数据类型	备注 1	备注 2
TIME	VARCHAR2（500）		时间
PROVINCE	VARCHAR2（500）		省
CITY	VARCHAR2（500）		市
LUCC	VARCHAR2（500）		
FM_CARBON	VARCHAR2（500）		
FM_XNIT	VARCHAR2（500）		
FM_XPHO	VARCHAR2（500）		
FM_WATCON	VARCHAR2（500）		
YL_WATCON	VARCHAR2（500）		
YL_GNIT	VARCHAR2（500）		
YL_GPHO	VARCHAR2（500）		
YL_XNIT	VARCHAR2（500）		
YL_XPHO	VARCHAR2（500）		
FL_WATCON	VARCHAR2（500）		
FL_GNIT	VARCHAR2（500）		
FL_GPHO	VARCHAR2（500）		
FL_XNIT	VARCHAR2（500）		
FL_XPHO	VARCHAR2（500）		
LL_WATCON	VARCHAR2（500）		
LL_CARBON	VARCHAR2（500）		
LL_GNIT	VARCHAR2（500）		
LL_GPHO	VARCHAR2（500）		
WL_STORAGE	VARCHAR2（500）		
GL_WATCON	VARCHAR2（500）		
GL_GNIT	VARCHAR2（500）		
GL_GPHO	VARCHAR2（500）		
GL_XNIT	VARCHAR2（500）		
GL_XPHO	VARCHAR2（500）		
SL_WATCON	VARCHAR2（500）		
SL_GNIT	VARCHAR2（500）		
SL_GPHO	VARCHAR2（500）		
F32	VARCHAR2（500）		

表 3-35 水环境容量表

列名（英文）	数据类型	备注 1	备注 2
TIME	VARCHAR2（500）		时间
PROVINCE	VARCHAR2（500）		省
CITY	VARCHAR2（500）		市
AREASERIESNUMB	VARCHAR2（500）	关键字	功能区序号
RIVERNAME	VARCHAR2（500）		河流（湖）
RLENGTH	VARCHAR2（500）		河流长度
RWIDTH	VARCHAR2（500）		河流宽度
RDEPTH	VARCHAR2（500）		河流深度
RAREA	VARCHAR2（500）		河流切面面积
FLOWOFRIVER	VARCHAR2（500）		河流流量
VOLUMEOFRIVER	VARCHAR2（500）		河流体积
CODDEGRADATION	VARCHAR2（500）		COD 水质降解系数
CODCURRENTQUAL	VARCHAR2（500）		COD 河流现状水质
CODSTANDARDQUA	VARCHAR2（500）		COD 功能区目标水质
CODOBJECTIVESQ	VARCHAR2（500）		COD 水质目标
NH_3NDEGRADATIO	VARCHAR2（500）		氨氮水质降解系数
NH_3NCURRENTQUA	VARCHAR2（500）		氨氮河流现状水质
NH_3NSTANDARDQU	VARCHAR2（500）		氨氮功能区目标水质
NH_3NOBJECTIVES	VARCHAR2（500）		氨氮水质目标
TNDEGRADATIONC	VARCHAR2（500）		总氮水质降解系数
TNCURRENTQUALI	VARCHAR2（500）		总氮河流现状水质
TNSTANDARDQUAL	VARCHAR2（500）		总氮功能区目标水质
TNOBJECTIVESQU	VARCHAR2（500）		总氮水质目标
TPDEGRADATIONC	VARCHAR2（500）		总磷水质降解系数
TPCURRENTQUALI	VARCHAR2（500）		总磷河流现状水质
TPSTANDARDQUAL	VARCHAR2（500）		总磷功能区目标水质
TPOBJECTIVESQU	VARCHAR2（500）		总磷水质目标
CODHANDLE	VARCHAR2（500）		COD 处理后
NH_3NHANDLE	VARCHAR2（500）		氨氮处理后
TNHANDLE	VARCHAR2（500）		总氮处理后
TPHANDLE	VARCHAR2（500）		总磷处理后

表 3-36 水生态承载评价表

列名（英文）	数据类型	备注 1	备注 2
YEAR	VARCHAR2（500）		年份
PROVINCE	VARCHAR2（500）		省
CITY	VARCHAR2（500）	关键字	市
RPOPU	VARCHAR2（500）		农村人口
UPOPU	VARCHAR2（500）		城镇人口
TOTALGDP	VARCHAR2（500）		GDP 总量
AGRIGDP	VARCHAR2（500）		农业现状规模
INDUGDP	VARCHAR2（500）		工业现状规模
LIVEGDP	VARCHAR2（500）		牲畜养殖业现状规模
OTHERGDP	VARCHAR2（500）		其他产业的现状规模
UWRESOURCES	VARCHAR2（500）		可利用的资源环境总量
AWRESOURCES	VARCHAR2（500）		现状资源环境使用量
CODENVIRON	VARCHAR2（500）		COD 环境容量
NH_3NENVIRON	VARCHAR2（500）		氨氮环境容量
TNENVIRON	VARCHAR2（500）		总氮环境容量
TPENVIRON	VARCHAR2（500）		总磷环境容量
CODPDIS	VARCHAR2（500）		COD 现状污染物排放总量
NH_3NPDIS	VARCHAR2（500）		氨氮现状污染物排放总量
TNPDIS	VARCHAR2（500）		总氮现状污染物排放总量
TPPDIS	VARCHAR2（500）		总磷现状污染物排放总量
WATER_GDPSUS	VARCHAR2（500）		水资源可承载 GDP
WATER_AGRISUS	VARCHAR2（500）		水资源农业产值
WATER_LIVESUS	VARCHAR2（500）		水资源畜禽养殖产值
WATER_INDUSUS	VARCHAR2（500）		水资源工业增加值
WATER_PSUS	VARCHAR2（500）		水资源可承载人口量
WATER_GDPSUSINDEX	VARCHAR2（500）		水资源 GDP 负载指数
WATER_AGRISUSINDEX	VARCHAR2（500）		水资源农业产值负载指数
WATER_LIVESUSINDEX	VARCHAR2（500）		水资源畜禽养殖产值负载指数
WATER_INDUSUSINDEX	VARCHAR2（500）		水资源工业增加值负载指数
WATER_PSUSINDEX	VARCHAR2（500）		水资源可承载人口量负载指数
COD_GDPSUS	VARCHAR2（500）		COD 可承载 GDP
COD_AGRISUS	VARCHAR2（500）		COD 农业产值
COD_LIVESUS	VARCHAR2（500）		COD 畜禽养殖产值
COD_INDUSUS	VARCHAR2（500）		COD 工业增加值
COD_PSUS	VARCHAR2（500）		COD 可承载人口量

列名（英文）	数据类型	备注 1	备注 2
COD_GDPSUSINDEX	VARCHAR2（500）		COD 可承载 GDP
COD_AGRISUSINDEX	VARCHAR2（500）		COD 农业产值负载指数
COD_LIVESUSINDEX	VARCHAR2（500）		COD 畜禽养殖产值负载指数
COD_INDUSUSINDEX	VARCHAR2（500）		COD 工业增加值负载指数
COD_PSUSINDEX	VARCHAR2（500）		COD 可承载人口量负载指数
NH_3_NGDPSUS	VARCHAR2（500）		氨氮可承载 GDP
NH_3_NAGRISUS	VARCHAR2（500）		氨氮农业产值
NH_3_NLIVESUS	VARCHAR2（500）		氨氮畜禽养殖产值
NH_3_NINDUSUS	VARCHAR2（500）		氨氮工业增加值
NH_3_NPSUS	VARCHAR2（500）		氨氮可承载人口量
NH_3_NGDPSUSINDEX	VARCHAR2（500）		氨氮可承载 GDP 负载指数
NH_3_NAGRISUSINDEX	VARCHAR2（500）		氨氮农业产值负载指数
NH_3_NLIVESUSINDEX	VARCHAR2（500）		氨氮畜禽养殖产值负载指数
NH_3_NINDUSUSINDEX	VARCHAR2（500）		氨氮工业增加值负载指数
NH_3_NPSUSINDEX	VARCHAR2（500）		氨氮可承载人口量负载指数
TP_GDPSUS	VARCHAR2（500）		总磷可承载 GDP
TP_AGRISUS	VARCHAR2（500）		总磷农业产值
TP_LIVESUS	VARCHAR2（500）		总磷畜禽养殖产值
TP_INDUSUS	VARCHAR2（500）		总磷工业增加值
TP_PSUS	VARCHAR2（500）		总磷可承载人口量
TP_GDPSUSINDEX	VARCHAR2（500）		总磷可承载 GDP 负载指数
TP_AGRISUSINDEX	VARCHAR2（500）		总磷农业产值负载指数
TP_LIVESUSINDEX	VARCHAR2（500）		总磷畜禽养殖产值负载指数
TP_INDUSUSINDEX	VARCHAR2（500）		总磷工业增加值负载指数
TP_PSUSINDEX	VARCHAR2（500）		总磷可承载人口量负载指数
TN_GDPSUS	VARCHAR2（500）		总氮可承载 GDP
TN_AGRISUS	VARCHAR2（500）		总氮农业产值
TN_LIVESUS	VARCHAR2（500）		总氮畜禽养殖产值
TN_INDUSUS	VARCHAR2（500）		总氮工业增加值
TN_PSUS	VARCHAR2（500）		总氮可承载人口量
TN_GDPSUSINDEX	VARCHAR2（500）		总氮 GDP 负载指数
TN_AGRISUSINDEX	VARCHAR2（500）		总氮农业产值负载指数
TN_LIVESUSINDEX	VARCHAR2（500）		总氮畜禽养殖产值负载指数
TN_INDUSUSINDEX	VARCHAR2（500）		总氮工业增加值负载指数
TN_PSUSINDEX	VARCHAR2（500）		总氮可承载人口量负载指数

表 3-37 水污染排放限值

列名（英文）	数据类型	备注 1	备注 2
YEAR	VARCHAR2（500）		年份
PROVINCE	VARCHAR2（500）		省
CITY	VARCHAR2（500）		市
PRODUCTNAME	VARCHAR2（500）	关键字	行业名称
SUBPRODUCTNAME	VARCHAR2（500）		行业细类名称
TN_B	VARCHAR2（500）		总氮排放标准（mg/L）
TP_B	VARCHAR2（500）		总磷排放标准（mg/L）
COD_B	VARCHAR2（500）		COD 排放标准（mg/L）
NH_3_N_B	VARCHAR2（500）		氨氮排放标准（mg/L）

表 3-38 网箱养殖

列名（英文）	数据类型	备注 1	备注 2
CODE	VARCHAR2（500）		代码
NAME	VARCHAR2（500）		名称
PROVINCE	VARCHAR2（500）		省（自治区、直辖市）
CITY	VARCHAR2（500）		地区（市、州、盟）
COUNTY	VARCHAR2（500）		县（区、市、旗）
TOWN	VARCHAR2（500）		乡（镇）
VILLAGE	VARCHAR2（500）		街（村）、门牌号
AREA	VARCHAR2（500）		11.养殖面积
MODE_CODE	VARCHAR2（500）		养殖模式
FRESHWATER	VARCHAR2（500）		养殖水体
FRY	VARCHAR2（500）		养殖类型
PRINCIPAL	VARCHAR2（500）	关键字	负责人
IN_WHICH_WATER	VARCHAR2（500）		17.受纳水体名称
F14	VARCHAR2（500）		预留
SPECIES_NAME_1	VARCHAR2（500）		21.养殖品种名称 1
SPECIES_CODE_1	VARCHAR2（500）		22.养殖品种代码 1
INPUT_1	VARCHAR2（500）		23.投放量 1
OUTPUT_1	VARCHAR2（500）		24.产量 1
SPECIES_NAME_2	VARCHAR2（500）		21.养殖品种名称 2
SPECIES_CODE_2	VARCHAR2（500）		22.养殖品种代码 2
INPUT_2	VARCHAR2（500）		23.投放量 2
OUTPUT_2	VARCHAR2（500）		24.产量 2
SPECIES_NAME_3	VARCHAR2（500）		21.养殖品种名称 3

列名（英文）	数据类型	备注 1	备注 2
SPECIES_CODE_3	VARCHAR2（500）		22.养殖品种代码 3
INPUT_3	VARCHAR2（500）		23.投放量 3
OUTPUT_3	VARCHAR2（500）		24.产量 3
SPECIES_NAME_4	VARCHAR2（500）		21.养殖品种名称 4
SPECIES_CODE_4	VARCHAR2（500）		22.养殖品种代码 4
INPUT_4	VARCHAR2（500）		23.投放量 4
OUTPUT_4	VARCHAR2（500）		24.产量 4
SPECIES_NAME_5	VARCHAR2（500）		21.养殖品种名称 5
SPECIES_CODE_5	VARCHAR2（500）		22.养殖品种代码 5
INPUT_5	VARCHAR2（500）		23.投放量 5
OUTPUT_5	VARCHAR2（500）		24.产量 5
SPECIES_NAME_6	VARCHAR2（500）		21.养殖品种名称 6
SPECIES_CODE_6	VARCHAR2（500）		22.养殖品种代码 6
INPUT_6	VARCHAR2（500）		23.投放量 6
OUTPUT_6	VARCHAR2（500）		24.产量 6
SPECIES_NAME_7	VARCHAR2（500）		21.养殖品种名称 7
SPECIES_CODE_7	VARCHAR2（500）		22.养殖品种代码 7
INPUT_7	VARCHAR2（500）		23.投放量 7
OUTPUT_7	VARCHAR2（500）		24.产量 7
SPECIES_NAME_8	VARCHAR2（500）		21.养殖品种名称 8
SPECIES_CODE_8	VARCHAR2（500）		22.养殖品种代码 8
INPUT_8	VARCHAR2（500）		23.投放量 8
OUTPUT_8	VARCHAR2（500）		24.产量 8
TN_P	VARCHAR2（500）		总氮排放量
TP_P	VARCHAR2（500）		总磷排放量
COD_P	VARCHAR2（500）		COD 排放量
NH_3_N_P	VARCHAR2（500）		氨氮排放量
TN_R	VARCHAR2（500）		总氮入河量
TP_R	VARCHAR2（500）		总磷入河量
COD_R	VARCHAR2（500）		COD 入河量
NH_3_N_R	VARCHAR2（500）		氨氮入河量
TN_C	VARCHAR2（500）		总氮产生量
TP_C	VARCHAR2（500）		总磷产生量
COD_C	VARCHAR2（500）		COD 产生量
NH_3_N_C	VARCHAR2（500）		氨氮产生量

表 3-39 污染负荷按月分配表

列名（英文）	数据类型	备注 1	备注 2
PROVINCE	VARCHAR2（500）		省
YEAR	VARCHAR2（500）		年份
MONTH	VARCHAR2（500）		月份
COEFFICIENT	VARCHAR2（500）		污染负荷按月分配系数

表 3-40 污水处理厂

列名（英文）	数据类型	备注 1	备注 2
NAME	VARCHAR2（500）		名称
PROVINCE	VARCHAR2（500）		省
CITY	VARCHAR2（500）		市
COUNTY	VARCHAR2（500）		县
TOWN	VARCHAR2（500）		乡
LONGITUDE_D	VARCHAR2（500）		中心经度（度）
LONGITUDE_F	VARCHAR2（500）		中心经度（分）
LONGITUDE_M	VARCHAR2（500）		中心经度（秒）
LATITUDE_D	VARCHAR2（500）		中心纬度（度）
LATITUDE_F	VARCHAR2（500）		中心纬度（分）
LATITUDE_M	VARCHAR2（500）		中心纬度（秒）
SEWAGE_PF_CODE	VARCHAR2（500）		17.排水去向类型代码
RECEIVING_WATER_NAME	VARCHAR2（500）		18.受纳水体名称
SEWAGE_TREATMENT_ CA-PACITY	VARCHAR2（500）		23.污水实际处理量（万 t）
SEWAGE_HOME	VARCHAR2（500）		24.其中：生活污水处理量（万 t）
SEWAGE_INDUSTRY	VARCHAR2（500）		25.其中：工业废水处理量（万 t）
COD_JK	VARCHAR2（500）		3.进口化学需氧量（t）合计
COD_PK	VARCHAR2（500）		4.排口化学需氧量（t）合计
NH_3_N_JK	VARCHAR2（500）		5.进口氨氮（t）合计
NH_3_N_PK	VARCHAR2（500）		6.排口氨氮（t）合计
TN_JK	VARCHAR2（500）		9.进口总氮（t）合计
TN_PK	VARCHAR2（500）		10.排口总氮（t）合计
TP_JK	VARCHAR2（500）		11.进口总磷（t）合计
TP_PK	VARCHAR2（500）		12.排口总磷（t）合计
COD_P	VARCHAR2（500）		COD 排放量
NH_3_N_P	VARCHAR2（500）		氨氮排放量
TN_P	VARCHAR2（500）		总氮排放量
TP_P	VARCHAR2（500）		总磷排放量
COD_R	VARCHAR2（500）		COD 入河量
NH_3_N_R	VARCHAR2（500）		氨氮入河量
TN_R	VARCHAR2（500）		总氮入河量
TP_R	VARCHAR2（500）		总磷入河量

表 3-41 乡镇种植

列名（英文）	数据类型	备注 1	备注 2
CITY	VARCHAR2（500）		地区（市、州、盟）
COUNTY	VARCHAR2（500）		县（区、市、旗）
TOWN	VARCHAR2（500）		乡（镇）
CODC	VARCHAR2（500）		COD 产生量
NH_3NC	VARCHAR2（500）		氨氮产生量
TNC	VARCHAR2（500）		总氮产生量
TPC	VARCHAR2（500）		总磷产生量
CODP	VARCHAR2（500）		COD 排放量
NH_3-N-P	VARCHAR2（500）		氨氮排放量
TNP	VARCHAR2（500）		总氮排放量
TPP	VARCHAR2（500）		总磷排放量
CODR	VARCHAR2（500）		COD 入河量
NH_3NR	VARCHAR2（500）		氨氮入河量
TNR	VARCHAR2（500）		总氮入河量
TPR	VARCHAR2（500）		总磷入河量

表 3-42 畜禽养殖

列名（英文）	数据类型	备注 1	备注 2
CODE	VARCHAR2（500）		代码
NAME	VARCHAR2（500）		名称
VILLAGE	VARCHAR2（500）		村庄
PRINCIPAL	VARCHAR2（500）		负责人/户主
AREA	VARCHAR2（500）		面积
ALH_PIG	VARCHAR2（500）		9.存栏量（头、羽）_猪
ALH_MC	VARCHAR2（500）		9.存栏量（头、羽）_奶牛
ALH_CATTLE	VARCHAR2（500）		9.存栏量（头、羽）_肉牛
ALH_CLE	VARCHAR2（500）		9.存栏量（头、羽）_蛋鸡
ALH_CHICKEN	VARCHAR2（500）		9.存栏量（头、羽）_肉鸡
SC_PIG	VARCHAR2（500）		10.出栏量（头、羽）_猪
SC_CATTLE	VARCHAR2（500）		10.出栏量（头、羽）_肉牛
SC_CHICKEN	VARCHAR2（500）		10.出栏量（头、羽）_肉鸡
ALP_PIG_LITTLE	VARCHAR2（500）		11.各阶段存栏量_猪_保育
ALP_PIG_BIG	VARCHAR2（500）		11.各阶段存栏量_猪_育成育肥
ALP_PIG_SOW	VARCHAR2（500）		11.各阶段存栏量_猪_繁殖母猪
ALP_MC_LITTLE	VARCHAR2（500）		11.各阶段存栏量_奶牛_育成牛
ALP_MC_BIG	VARCHAR2（500）		11.各阶段存栏量_奶牛_成乳母牛
ALP_CATTLE	VARCHAR2（500）		11.各阶段存栏量_肉牛_育肥牛
ALP_CLE_LITTLE	VARCHAR2（500）		11.各阶段存栏量_蛋鸡_育雏育成

列名（英文）	数据类型	备注 1	备注 2
ALP_CLE_BIG	VARCHAR2（500）		11.各阶段存栏量_蛋鸡_产蛋鸡
ALP_CHICKEN	VARCHAR2（500）		11.各阶段存栏量_肉鸡_商品肉鸡
PERIODS_PIG_LITTLE	VARCHAR2（500）		12.饲养周期_猪_保育
PERIODS_PIG_BIG	VARCHAR2（500）		12.饲养周期_猪_育成育肥
PERIODS_PIG_SOW	VARCHAR2（500）		12.饲养周期_猪_繁殖母猪
PERIODS_MC_LITTLE	VARCHAR2（500）		12.饲养周期_奶牛_育成牛
PERIODS_MC_BIG	VARCHAR2（500）		12.饲养周期_奶牛_成乳母牛
PERIODS_CATTLE	VARCHAR2（500）		12.饲养周期_肉牛_育肥牛
PERIODS_CLE_LITTLE	VARCHAR2（500）		12.饲养周期_蛋鸡_育雏育成
PERIODS_CLE_BIG	VARCHAR2（500）		12.饲养周期_蛋鸡_产蛋鸡
PERIODS_CHICKEN	VARCHAR2（500）		12.饲养周期_肉鸡_商品肉鸡
DEJECTA_PIG_LITTLE	VARCHAR2（500）		13.清粪方式_猪_保育
DEJECTA_PIG_BIG	VARCHAR2（500）		13.清粪方式_猪_育成育肥
DEJECTA_PIG_SOW	VARCHAR2（500）		13.清粪方式_猪_繁殖母猪
DEJECTA_MC_LITTLE	VARCHAR2（500）		13.清粪方式_奶牛_育成牛
DEJECTA_MC_BIG	VARCHAR2（500）		13.清粪方式_奶牛_成乳母牛
DEJECTA_CATTLE	VARCHAR2（500）		13.清粪方式_肉牛_育肥牛
DEJECTA_CLE_LITTLE	VARCHAR2（500）		13.清粪方式_蛋鸡_育雏育成
DEJECTA_CLE_BIG	VARCHAR2（500）		13.清粪方式_蛋鸡_产蛋鸡
DEJECTA_CHICKEN	VARCHAR2（500）		13.清粪方式_肉鸡_商品肉鸡
AMOUNT_SEWAGE_ DAILY	VARCHAR2（500）		14.污水日产生量
AMOUNT_DEJECTA_DAILY	VARCHAR2（500）		18.粪便处理利用量
RECEIVING_WATER_NAME	VARCHAR2（500）		受纳水体名称
RECEIVING_WATER_CODE	VARCHAR2（500）		受纳水体代码
PROVINCE	VARCHAR2（500）		省（自治区、直辖市）
CITY	VARCHAR2（500）		地区（市、州、盟）
COUNTY	VARCHAR2（500）		县（区、市、旗）
TOWN	VARCHAR2（500）		乡（镇）
SIZE_YZ	VARCHAR2（500）		养殖规模
TN_C	VARCHAR2（500）		总氮产生量
TP_C	VARCHAR2（500）		总磷产生量
COD_C	VARCHAR2（500）		COD 产生量
NH_3_N_C	VARCHAR2（500）		氨氮产生量
TN_P	VARCHAR2（500）		总氮排放量
TP_P	VARCHAR2（500）		总磷排放量
COD_P	VARCHAR2（500）		COD 排放量
NH_3_N_P	VARCHAR2（500）		氨氮排放量
TN_R	VARCHAR2（500）		总氮入河量
TP_R	VARCHAR2（500）		总磷入河量
COD_R	VARCHAR2（500）		COD 入河量
NH_3_N_R	VARCHAR2（500）		氨氮入河量

表 3-43 一层分配系数表

列名（英文）	数据类型	备注 1	备注 2
YEAR	VARCHAR2（500）		年
PROVINCE	VARCHAR2（500）		省
CITY	VARCHAR2（500）		市
CONTROLID	VARCHAR2（500）		控制单元号
YZ_JINGJICHANZHI	VARCHAR2（500）		养殖业源经济产值
YZ_ZHENGCEDAOXIANG	VARCHAR2（500）		养殖业源政策性导向
ZZ_JINGJICHANZHI	VARCHAR2（500）		种植业源经济产值
ZZ_ZHENGCEDAOXIANG	VARCHAR2（500）		种植业源政策性导向
ZPS_JINGJICHANZHI	VARCHAR2（500）		直排生活源经济产值
ZPS_ZHENGCEDAOXIANG	VARCHAR2（500）		直排生活源政策导向性
ZPG_JINGJICHANZHI	VARCHAR2（500）		直排工业源经济产值
ZPG_ZHENGCEDAOXIANG	VARCHAR2（500）		直排工业源政策导向性
COD_XIANZHPWRATIO	VARCHAR2（500）		COD 现状排污量权重
NH_3N_XIANZHPWRATIO	VARCHAR2（500）		NH_3-N 现状排污量权重
TN_XIANZHPWRATIO	VARCHAR2（500）		TN 现状排污量权重
TP_XIANZHPWRATIO	VARCHAR2（500）		TP 现状排污量权重
COD_XUEJIANRATIO	VARCHAR2（500）		COD 削减成本权重
NH_3N_XUEJIANRATIO	VARCHAR2（500）		NH_3-N 削减成本权重
TN_XUEJIANRATIO	VARCHAR2（500）		TN 削减成本权重
TP_XUEJIANRATIO	VARCHAR2（500）		TP 削减成本权重
COD_JINGJIRATIO	VARCHAR2（500）		COD 经济产值权重
NH_3N_JINGJIRATIO	VARCHAR2（500）		NH_3-N 经济产值权重
TN_JINGJIRATIO	VARCHAR2（500）		TN 经济产值权重
TP_JINGJIRATIO	VARCHAR2（500）		TP 经济产值权重
COD_ZHCEDXRAIO	VARCHAR2（500）		COD 政策导向性权重
NH_3N_ZHCEDXRAIO	VARCHAR2（500）		NH_3-N 政策导向性权重
TN__ZHCEDXRAIO	VARCHAR2（500）		TN 政策导向性权重
TP_ZHCEDXRAIO	VARCHAR2（500）		TP 政策导向性权重
YZ_COD_XUEJIAN	VARCHAR2（500）		养殖业 COD 削减成本
YZ_NH_3N_XUEJIAN	VARCHAR2（500）		养殖业 NH_3-N 削减成本
YZ_TN_XUEJIAN	VARCHAR2（500）		养殖业 TN 削减成本
YZ_TP_XUEJIAN	VARCHAR2（500）		养殖业 TP 削减成本
ZZ_COD_XUEJIAN	VARCHAR2（500）		种植业 COD 削减成本
ZZ_NH_3N_XUEJIAN	VARCHAR2（500）		种植业 NH_3-N 削减成本
ZZ_TN_XUEJIAN	VARCHAR2（500）		种植业 TN 削减成本
ZZ_TP_XUEJIAN	VARCHAR2（500）		种植业 TP 削减成本
ZPS_COD_XUEJIAN	VARCHAR2（500）		直排生活源 COD 削减成本
ZPS_NH_3N_XUEJIAN	VARCHAR2（500）		直排生活源 NH_3-N 削减成本
ZPS_TN_XUEJIAN	VARCHAR2（500）		直排生活源 TN 削减成本
ZPS_TP_XUEJIAN	VARCHAR2（500）		直排生活源 TP 削减成本
ZPG_COD_XUEJIAN	VARCHAR2（500）		直排工业源 COD 削减成本
ZPG_NH_3N_XUEJIAN	VARCHAR2（500）		直排工业源 NH_3-N 削减成本
ZPG_TN_XUEJIAN	VARCHAR2（500）		直排工业源 TN 削减成本
ZPG_TP_XUEJIAN	VARCHAR2（500）		直排工业源 TP 削减成本

表 3-44 直排工业分配

列名（英文）	数据类型	备注 1	备注 2
PROVINCE	VARCHAR2（500）		省
CONTROLUNIT	VARCHAR2（500）		控制单元 ID
COMPANYNAME	VARCHAR2（500）		公司名称
POLLUTIONTYPE	VARCHAR2（500）		污染源类型
INDUSTRYCATEGORIES	VARCHAR2（500）		工业细类
PAIWUKOU	VARCHAR2（500）		排污口 ID
COD	VARCHAR2（500）		COD
NH_3_N	VARCHAR2（500）		氨氮
TN	VARCHAR2（500）		总氮
TP	VARCHAR2（500）		总磷
SEWAGE_P	VARCHAR2（500）		废水排放量
INDUSTRYVALUE	VARCHAR2（500）		工业产值
QUWEIYINSU	VARCHAR2（500）		区位因素

表 3-45 直排工业源二次分配表

列名（英文）	数据类型	备注 1	备注 2
PROVINCE	VARCHAR2（500）		省
CITY	VARCHAR2（500）		市
CONTROLID	VARCHAR2（500）		控制单元 ID
COD_DABIAO_RATIO	VARCHAR2（500）		COD 达标排放量权重
NH_3_N_DABIAO_RATIO	VARCHAR2（500）		氨氮达标排放量权重
TN_DABIAO_RATIO	VARCHAR2（500）		总氮达标排放量权重
TP_DABIAO_RATIO	VARCHAR2（500）		总磷达标排放量权重
COD_WURAN_RATIO	VARCHAR2（500）		COD 污染削减成本权重
NH_3_N_WURAN_RATIO	VARCHAR2（500）		氨氮污染削减成本权重
TN_WURAN_RATIO	VARCHAR2（500）		总氮污染削减成本权重
TP_WURAN_RATIO	VARCHAR2（500）		总磷污染削减成本权重
COD_CHANZHI_RATIO	VARCHAR2（500）		万元产值 COD 排放量权重
NH_3_N_CHANZHI_RATIO	VARCHAR2（500）		万元产值氨氮排放量权重
TN_CHANZHI_RATIO	VARCHAR2（500）		万元产值总氮排放量权重
TP_CHANZHI_RATIO	VARCHAR2（500）		万元产值总磷排放量权重
COD_ZHENGCE_RATIO	VARCHAR2（500）		COD 政策导向权重
NH_3_N_ZHENGCE_RATIO	VARCHAR2（500）		氨氮政策导向权重
TN_ZHENGCE_RATIO	VARCHAR2（500）		总氮政策导向权重
TP_ZHENGCE_RATIO	VARCHAR2（500）		总磷政策导向权重
COD_RENZI_RATIO	VARCHAR2（500）		COD 人力资源容纳能力权重
NH_3_N_RENZI_RATIO	VARCHAR2（500）		氨氮人力资源容纳能力权重
TN_RENZI_RATIO	VARCHAR2（500）		总氮人力资源容纳能力权重

列名（英文）	数据类型	备注 1	备注 2
TP_RENZI_RATIO	VARCHAR2（500）		总磷人力资源容纳能力权重
COD_DIANDU_WURAN	VARCHAR2（500）		电镀工业 COD 污染削减成本权重
COD_QIANXIN_WURAN	VARCHAR2（500）		铅、锌工业 COD 污染削减成本权重
COD_HUAGONG_WURAN	VARCHAR2（500）		化学工业其他排污单位 COD 污染削减成本权重
COD_PIJIU_WURAN	VARCHAR2（500）		啤酒工业 COD 污染削减成本权重
COD_QITA_WURAN	VARCHAR2（500）		其他行业 COD 污染削减成本权重
COD_XITU_WURAN	VARCHAR2（500）		稀土工业 COD 污染削减成本权重
COD_FANGZHI_WURAN	VARCHAR2（500）		纺织染整工业 COD 污染削减成本权重
COD_ROULEI_WURAN	VARCHAR2（500）		肉类加工工业 COD 污染削减成本权重
COD_WEIJING_WURAN	VARCHAR2（500）		味精工业 COD 污染削减成本权重
COD_DIANFEN_WURAN	VARCHAR2（500）		淀粉工业 COD 污染削减成本权重
COD_GANGTIE_WURAN	VARCHAR2（500）		钢铁工业 COD 污染削减成本权重
COD_HUAHE_WURAN	VARCHAR2（500）		化学合成类制药工业 COD 污染削减成本权重
COD_SHENGWU_WURAN	VARCHAR2（500）		生物工程类制药工业 COD 污染削减成本权重
NH_3_N_DIANDU_WURAN	VARCHAR2（500）		电镀工业氨氮污染削减成本权重
NH_3_N_QIANXIN_WURAN	VARCHAR2（500）		铅、锌工业氨氮污染削减成本权重
NH_3_N_HUAGONG_WURAN	VARCHAR2（500）		化学工业其他排污单位氨氮污染削减成本权重
NH_3_N_PIJIU_WURAN	VARCHAR2（500）		啤酒工业氨氮污染削减成本权重
NH_3_N_QITA_WURAN	VARCHAR2（500）		其他行业氨氮污染削减成本权重
NH_3_N_XITU_WURAN	VARCHAR2（500）		稀土工业氨氮污染削减成本权重
NH_3_N_FANGZHI_WURAN	VARCHAR2（500）		纺织染整工业氨氮污染削减成本权重
NH_3_N_ROULEI_WURAN	VARCHAR2（500）		肉类加工工业氨氮污染削减成本权重
NH_3_N_WEIJING_WURAN	VARCHAR2（500）		味精工业氨氮污染削减成本权重
NH_3_N_DIANFEN_WURAN	VARCHAR2（500）		淀粉工业氨氮污染削减成本权重
NH_3_N_GANGTIE_WURAN	VARCHAR2（500）		钢铁工业氨氮污染削减成本权重
NH_3_N_HUAHE_WURAN	VARCHAR2（500）		化学合成类制药工业氨氮污染削减成本权重
NH_3_N_SHENGWU_WURAN	VARCHAR2（500）		生物工程类制药工业氨氮污染削减成本权重
TN_DIANDU_WURAN	VARCHAR2（500）		电镀工业总氮污染削减成本权重
TN_QIANXIN_WURAN	VARCHAR2（500）		铅、锌工业总氮污染削减成本权重
TN_HUAGONG_WURAN	VARCHAR2（500）		化学工业其他排污单位总氮污染削减成本权重
TN_PIJIU_WURAN	VARCHAR2（500）		啤酒工业总氮污染削减成本权重
TN_QITA_WURAN	VARCHAR2（500）		其他行业总氮污染削减成本权重
TN_XITU_WURAN	VARCHAR2（500）		稀土工业总氮污染削减成本权重
TN_FANGZHI_WURAN	VARCHAR2（500）		纺织染整工业总氮污染削减成本权重
TN_ROULEI_WURAN	VARCHAR2（500）		肉类加工工业总氮污染削减成本权重
TN_WEIJING_WURAN	VARCHAR2（500）		味精工业总氮污染削减成本权重
TN_DIANFEN_WURAN	VARCHAR2（500）		淀粉工业总氮污染削减成本权重
TN_GANGTIE_WURAN	VARCHAR2（500）		钢铁工业总氮污染削减成本权重
TN_HUAHE_WURAN	VARCHAR2（500）		化学合成类制药工业总氮污染削减成本权重
TN_SHENGWU_WURAN	VARCHAR2（500）		生物工程类制药工业总氮污染削减成本权重

列名（英文）	数据类型	备注1	备注2
TP_DIANDU_WURAN	VARCHAR2（500）		电镀工业总磷污染削减成本权重
TP_QIANXIN_WURAN	VARCHAR2（500）		铅、锌工业总磷污染削减成本权重
TP_HUAGONG_WURAN	VARCHAR2（500）		化学工业其他排污单位总磷污染削减成本权重
TP_PIJIU_WURAN	VARCHAR2（500）		啤酒工业总磷污染削减成本权重
TP_QITA_WURAN	VARCHAR2（500）		其他行业总磷污染削减成本权重
TP_XITU_WURAN	VARCHAR2（500）		稀土工业总磷污染削减成本权重
TP_FANGZHI_WURAN	VARCHAR2（500）		纺织染整工业总磷污染削减成本权重
TP_ROULEI_WURAN	VARCHAR2（500）		肉类加工工业总磷污染削减成本权重
TP_WEIJING_WURAN	VARCHAR2（500）		味精工业总磷污染削减成本权重
TP_DIANFEN_WURAN	VARCHAR2（500）		淀粉工业总磷污染削减成本权重
TP_GANGTIE_WURAN	VARCHAR2（500）		钢铁工业总磷污染削减成本权重
TP_HUAHE_WURAN	VARCHAR2（500）		化学合成类制药工业总磷污染削减成本权重
TP_SHENGWU_WURAN	VARCHAR2（500）		生物工程类制药工业总磷污染削减成本权重
DIANDU_ZHENGCE	VARCHAR2（500）		电镀工业政策导向权重
QIANXIN_ZHENGCE	VARCHAR2（500）		铅、锌工业政策导向权重
HUAGONG_ZHENGCE	VARCHAR2（500）		化学工业其他排污单位政策导向权重
PIJIU_ZHENGCE	VARCHAR2（500）		啤酒工业政策导向权重
QITA_ZHENGCE	VARCHAR2（500）		其他行业政策导向权重
XITU_ZHENGCE	VARCHAR2（500）		稀土工业政策导向权重
FANGZHI_ZHENGCE	VARCHAR2（500）		纺织染整工业政策导向权重
ROULEI_ZHENGCE	VARCHAR2（500）		肉类加工工业政策导向权重
WEIJING_ZHENGCE	VARCHAR2（500）		味精工业政策导向权重
DIANFEN_ZHENGCE	VARCHAR2（500）		淀粉工业政策导向权重
GANGTIE_ZHENGCE	VARCHAR2（500）		钢铁工业政策导向权重
HUAHE_ZHENGCE	VARCHAR2（500）		化学合成类制药工业政策导向权重
SHENGWU_ZHENGCE	VARCHAR2（500）		生物工程类制药工业政策导向权重
DIANDU_RENLI	VARCHAR2（500）		电镀工业人力资源容纳能力权重
QIANXIN_RENLI	VARCHAR2（500）		铅、锌工业人力资源容纳能力权重
HUAGONG_RENLI	VARCHAR2（500）		化学工业其他排污单位人力资源容纳能力权重
PIJIU_RENLI	VARCHAR2（500）		啤酒工业人力资源容纳能力权重
QITA_RENLI	VARCHAR2（500）		其他行业人力资源容纳能力权重
XITU_RENLI	VARCHAR2（500）		稀土工业人力资源容纳能力权重
FANGZHI_RENLI	VARCHAR2（500）		纺织染整工业人力资源容纳能力权重
ROULEI_RENLI	VARCHAR2（500）		肉类加工工业人力资源容纳能力权重
WEIJING_RENLI	VARCHAR2（500）		味精工业人力资源容纳能力权重
DIANFEN_RENLI	VARCHAR2（500）		淀粉工业人力资源容纳能力权重
GANGTIE_RENLI	VARCHAR2（500）		钢铁工业人力资源容纳能力权重
HUAHE_RENLI	VARCHAR2（500）		化学合成类制药工业人力资源容纳能力权重
SHENGWU_RENLI	VARCHAR2（500）		生物工程类制药工业人力资源容纳能力权重

表 3-46 直排工业源三层分配表

列名（英文）	数据类型	备注 1	备注 2
PROVINCE	VARCHAR2（500）		省
CITY	VARCHAR2（500）		市
CONTROLID	VARCHAR2（500）		控制单元 ID
COD_DABIAO_RATIO	VARCHAR2（500）		COD 达标状态排放量系数
NH_3_N_DABIAO_RATIO	VARCHAR2（500）		氨氮达标状态排放量系数
TN_DABIAO_RATIO	VARCHAR2（500）		总氮达标状态排放量系数
TP_DABIAO_RATIO	VARCHAR2（500）		总磷达标状态排放量系数
COD_CHANZHI_RATIO	VARCHAR2（500）		COD 万元产值排放量系数
NH_3_N_CHANZHI_RATIO	VARCHAR2（500）		氨氮万元产值排放量系数
TN_CHANZHI_RATIO	VARCHAR2（500）		总氮万元产值排放量系数
TP_CHANZHI_RATIO	VARCHAR2（500）		总磷万元产值排放量系数
QUWEI_RATIO	VARCHAR2（500）		区位因素系数

表 3-47 直排工业一层分配表

列名（英文）	数据类型	备注 1	备注 2
PROVINCE	VARCHAR2（500）		省
CITY	VARCHAR2（500）		市
CONTROLID	VARCHAR2（500）		控制单元 ID
DATATYPE	VARCHAR2（500）		数据源类型
INDUSTRYNAME	VARCHAR2（500）		工厂名字
COD_R	VARCHAR2（500）		COD 入河量
NH_3_N_R	VARCHAR2（500）		NH_3-N 入河量
TN_R	VARCHAR2（500）		TN 入河量
TP_R	VARCHAR2（500）		TP 入河量

表 3-48 中间结果暂存表

列名（英文）	数据类型	备注 1	备注 2
PROVINCE	VARCHAR2（500）		省
CONTROLUNIT	VARCHAR2（500）		控制单元 ID
TOWN	VARCHAR2（500）		乡（镇）
POLLUTIONTYPE	VARCHAR2（500）		污染源类型
INDUSTRIALCATEGORIES	VARCHAR2（500）		工业门类
COD	VARCHAR2（500）		COD
NH_3_N	VARCHAR2（500）		氨氮
TN	VARCHAR2（500）		总氮
TP	VARCHAR2（500）		总磷
SEWAGE_P	VARCHAR2（500）		废水排放量
INDUSTRYVALUE	VARCHAR2（500）		工业生产总值
COD_C	VARCHAR2（500）		COD 产生量
COD_P	VARCHAR2（500）		COD 排放量
NH_3_N_C	VARCHAR2（500）		氨氮产生量
NH_3_N_P	VARCHAR2（500）		氨氮排放量
TN_C	VARCHAR2（500）		总氮产生量
TN_P	VARCHAR2（500）		总氮排放量
TP_C	VARCHAR2（500）		总磷产生量
TP_P	VARCHAR2（500）		总磷排放量
FNAME	VARCHAR2（500）		公司名称

表 3-49 种植业表

列名	数据类型	备注 1	备注 2
名称	VARCHAR2（500）		
乡镇农户总数	VARCHAR2（500）		
耕地总面积	VARCHAR2（500）		
耕地总面积①旱地	VARCHAR2（500）		
耕地总面积②水田	VARCHAR2（500）		
保护地面积	VARCHAR2（500）		
园地面积	VARCHAR2（500）		
园地面积①果园	VARCHAR2（500）		
园地面积②茶园	VARCHAR2（500）		
园地面积③桑园	VARCHAR2（500）		
园地面积④其他	VARCHAR2（500）		
COD 产生量	VARCHAR2（500）		
氨氮产生量	VARCHAR2（500）		
总氮产生量	VARCHAR2（500）		
总磷产生量	VARCHAR2（500）		
COD 排放量	VARCHAR2（500）		
氨氮排放量	VARCHAR2（500）		
总氮排放量	VARCHAR2（500）		
总磷排放量	VARCHAR2（500）		
COD 入河量	VARCHAR2（500）		
氨氮入河量	VARCHAR2（500）		
总氮入河量	VARCHAR2（500）		
总磷入河量	VARCHAR2（500）		

表 3-50 种植业系数表

列名（英文）	数据类型	备注 1	备注 2
COD_HANDI_XISHU	VARCHAR2（500）		旱地 COD 产生系数
NH_3N_HANDI_XISHU	VARCHAR2（500）		旱地 NH_3-N 产生系数
TN_HANDI_XISHU	VARCHAR2（500）		旱地 TN 产生系数
TP_HANDI_XISHU	VARCHAR2（500）		旱地 TP 产生系数
COD_SHUITIAN_XISHU	VARCHAR2（500）		水田 COD 产生系数
NH_3N_SHUITIAN_XISHU	VARCHAR2（500）		水田 NH_3-N 产生系数
TN_SHUITIAN_XISHU	VARCHAR2（500）		水田 TN 产生系数
TP_SHUITIAN_XISHU	VARCHAR2（500）		水田 TP 产生系数
COD_YUANDI_XISHU	VARCHAR2（500）		园地 COD 产生系数
NH_3N_YUANDI_XISHU	VARCHAR2（500）		园地 NH_3-N 产生系数
TN_YUANDI_XISHU	VARCHAR2（500）		园地 TN 产生系数
TP_YUANDI_XISHU	VARCHAR2（500）		园地 TP 产生系数
COD_BAOHU_XISHU	VARCHAR2（500）		保护地 COD 产生系数
NH_3N_BAOHU_XISHU	VARCHAR2（500）		保护地 NH_3-N 产生系数
TN_BAOHU_XISHU	VARCHAR2（500）		保护地 TN 产生系数
TP_BAOHU_XISHU	VARCHAR2（500）		保护地 TP 产生系数
COD_RUHE_XISHU	VARCHAR2（500）		COD 入河系数
NH_3N_RUHE_XISHU	VARCHAR2（500）		NH_3-N 入河系数
TN_RUHE_XISHU	VARCHAR2（500）		TN 入河系数
TP_RUHE_XISHU	VARCHAR2（500）		TP 入河系数

表 3-51 重点源

列名（英文）	数据类型	备注 1	备注 2
NAME	VARCHAR2（500）		名称
PROVINCE	VARCHAR2（500）		省（自治区、直辖市）
CITY	VARCHAR2（500）		地区（市、州、盟）
COUNTY	VARCHAR2（500）		县（区、市、旗）
TOWN	VARCHAR2（500）		乡（镇）
LONGITUDE_D	VARCHAR2（500）		中心经度（度）
LONGITUDE_F	VARCHAR2（500）		中心经度（分）
LONGITUDE_M	VARCHAR2（500）		中心经度（秒）
LATITUDE_D	VARCHAR2（500）		中心纬度（度）
LATITUDE_F	VARCHAR2（500）		中心纬度（分）
LATITUDE_M	VARCHAR2（500）		中心纬度（秒）
INDUSTRIAL_PARK_ CODE	VARCHAR2（500）		8.行业类别_代码
INDUSTRY_SECTOR	VARCHAR2（500）		8.行业类别_名称
VALUE	VARCHAR2（500）		14.工业总产值（万元）
CONSUMPTION_ WATER	VARCHAR2（500）		1.用水总量
SEWAGE_C	VARCHAR2（500）		5.废水产生量
SEWAGE_P	VARCHAR2（500）		7.废水排放量
SEWAGE_PF_CODE	VARCHAR2（500）		12.废水主要排水去向类型代码
RECEIVING_WATER_ NAME	VARCHAR2（500）		13.受纳水体名称
COD_C	VARCHAR2（500）		15.化学需氧量（产生量）原数据中给出的数值
COD_P	VARCHAR2（500）		15.化学需氧量（排放量）原数据中给出的数值
NH_3_N_C	VARCHAR2（500）		16.氨氮（产生量）原数据中给出的数值
NH_3_N_P	VARCHAR2（500）		16.氨氮（排放量）原数据中给出的数值
COD_C_ALTER	VARCHAR2（500）		15.化学需氧量（产生量）根据公式计算出的数值
NH_3_N_C_ALTER	VARCHAR2（500）		15.氨氮（产生量）根据公式计算出的数值
COD_P_ALTER	VARCHAR2（500）		16.化学需氧量（排放量）根据公式计算出的数值
NH_3_N_P_ALTER	VARCHAR2（500）		16.氨氮（排放量）根据公式计算出的数值
TN_P_ALTER	VARCHAR2（500）		总氮（排放量）根据公式计算出的数值
TP_P_ALTER	VARCHAR2（500）		总磷（排放量）根据公式计算出的数值
COD_R_ALTER	VARCHAR2（500）		化学需氧量（入河量）根据公式计算出的数值
NH_3_N_R_ALTER	VARCHAR2（500）		氨氮（入河量）根据公式计算出的数值
TN_R_ALTER	VARCHAR2（500）		总氮（入河量）根据公式计算出的数值
TP_R_ALTER	VARCHAR2（500）		总磷（入河量）根据公式计算出的数值

3.3.10 数据集

数据集，又称为资料集、数据集合或资料集合，是指一种由数据所组成的集合。数据集是一个数据的集合，通常以表格形式出现。每一列代表一个特定变量，每一行都对应于某一成员的数据集的问题，每个数值被称为数据资料，对应于行数，该数据集的数据可能包括一个或多个成员。

数据集在断开缓存中存储数据。数据集的结构类似于关系数据库的结构；它公开表、行和列的分层对象模型。另外，它包含为数据集定义的约束和关系。

数据集可以类型化或非类型化。类型化数据集是这样一种数据集，它先从基类派生，然后使用 XML 架构文件（.xsd 文件）中的信息生成新类。

3.3.10.1 污染负荷信息数据集

主要包括示范区（江苏省和浙江省）2007 年污染普查数据。

数据来源：江苏省环境科学研究院、浙江省环境科学与设计研究院。

（1）畜禽养殖业源

数据内容：代码、名称、村庄、负责人/户主、面积、存栏量（头、羽）_猪、存栏量（头、羽）_奶牛、存栏量（头、羽）_肉牛、存栏量（头、羽）_蛋鸡、存栏量（头、羽）_肉鸡、出栏量（头、羽）_猪、出栏量（头、羽）_肉牛、出栏量（头、羽）_肉鸡、各阶段存栏量_猪_保育、各阶段存栏量_猪_育成育肥、各阶段存栏量_猪_繁殖母猪、各阶段存栏量_奶牛_育成牛、各阶段存栏量_奶牛_成乳母牛、各阶段存栏量_肉牛_育肥牛、各阶段存栏量_蛋鸡_育雏育成、各阶段存栏量_蛋鸡_产蛋鸡、各阶段存栏量_肉鸡_商品肉鸡、饲养周期_猪_保育、饲养周期_猪_育成育肥、饲养周期_猪_繁殖母猪、饲养周期_奶牛_育成牛、饲养周期_奶牛_成乳母牛、饲养周期_肉牛_育肥牛、饲养周期_蛋鸡_育雏育成、饲养周期_蛋鸡_产蛋鸡、饲养周期_肉鸡_商品肉鸡、清粪方式_猪_保育、清粪方式_猪_育成育肥、清粪方式_猪_繁殖母猪、清粪方式_奶牛_育成牛、清粪方式_奶牛_成乳母牛、清粪方式_肉牛_育肥牛、清粪方式_蛋鸡_育雏育成、清粪方式_蛋鸡_产蛋鸡、清粪方式_肉鸡_商品肉鸡、污水日产生量、粪便处理利用量、受纳水体名称、受纳水体代码、省（自治区、直辖市）、地区（市、州、盟）、县（区、市、旗）、乡（镇）、养殖规模、总氮产生量、总磷产生量、COD 产生量、氨氮产生量、总氮排放量、总磷排放量、COD 排放量、氨氮排放量、总氮入河量、总磷入河量、COD 入河量、氨氮入河量。

（2）网箱养殖业源

数据内容：代码、名称、省（自治区、直辖市）、地区（市、州、盟）、县（区、市、旗）、乡（镇）、街（村）、门牌号、养殖面积、养殖模式、养殖水体、养殖类型、负责人、受纳水体名称、预留、养殖品种名称 1、养殖品种代码 1、投放量 1、产量 1、养殖品种名称 2、养殖品种代码 2、投放量 2、产量 2、养殖品种名称 3、养殖品种代码 3、投放量 3、产量 3、养殖品种名称 4、养殖品种代码 4、投放量 4、产量 4、养殖品种名称 5、养殖品种代码 5、投放量 5、产量 5、养殖品种名称 6、养殖品种代码 6、投放量 6、产量 6、养殖品种名称 7、养殖品种代码 7、投放量 7、产量 7、养殖品种名称 8、养殖品种代码 8、投放量 8、产量 8、总氮排放量、总磷排放量、COD 排放量、氨氮排放量、总氮入河量、总磷入河量、COD 入河量、氨氮入河量、总氮产生量、总磷产生量、COD 产生量、氨氮产生量。

（3）池塘养殖业源

数据内容：代码、名称、省（自治区、直辖市）、地区（市、州、盟）、县（区、市、旗）、乡（镇）、街（村）、门牌号、养殖面积、排入外部水体量、受纳水体名称、负责人、养殖产品类别、养殖品种名称 1、养殖品种代码 1、投放量 1、产量 1、养殖品种名称 2、养殖品种代码 2、投放量 2、产量 2、养殖品种名称 3、养殖品种代码 3、投放量 3、产量 3、养殖品种名称 4、养殖品种代码 4、投放量 4、产量 4、养殖品种名称 5、养殖品种代码 5、投放量 5、产量 5、养殖品种名称 6、养殖品种代码 6、投放量 6、产量 6、养殖品种名称 7、养殖品种代码 7、投放量 7、产量 7、养殖品种名称 8、养殖品种代码 8、投放量 8、产量 8、COD 排放量、氨氮排放量、总氮排放量、总磷排放量、COD 入河量、氨氮入河量、总氮入河量、总磷入河量、COD 产生量、氨氮产生量、总氮产生量、总磷产生量。

数据用途：建立太湖流域综合数据库，用于水质目标管理信息系统污染负荷模型计算、水环境容量计算、污染负荷分配等模块。

（4）一般工业源

数据内容：名称、省（自治区、直辖市）、地区（市、州、盟）、县（区、市、旗）、乡（镇）、中心经度（度）、中心经度（分）、中心经度（秒）、中心纬度（度）、中心纬度（分）、中心纬度（秒）、行业类别_代码、行业类别_名称、工业总产值（万元）、用水总量、废水产生量、废水排放量、废水主要排水去向类型代码、受纳水体名称、化学需氧量（产生量）原数据中给出的数值、化学需氧量（排放量）原数据中给出的数值、氨氮（产生量）原数据中给出的数值、氨氮（排放量）原数据中给出的数值、总氮排放量原数据中给出的数值、总磷排放量原数据中给出的数值、COD 入河量原数据中给出的数值、氨氮入河量原数据中给出的数值、总氮入河量原数据中给出的数值、总磷入河量原数据中给出的数值等。

（5）重点工业源

数据内容：名称、省（自治区、直辖市）、地区（市、州、盟）、县（区、市、旗）、乡（镇）、中心经度（度）、中心经度（分）、中心经度（秒）、中心纬度（度）、中心纬度（分）、中心纬度（秒）、行业类别_代码、行业类别_名称、工业总产值（万元）、用水总量、废水产生量、废水排放量、废水主要排水去向类型代码、受纳水体名称、化学需氧量（产生量）原数据中给出的数值、化学需氧量（排放量）原数据中给出的数值、氨氮（产生量）原数据中给出的数值、氨氮（排放量）原数据中给出的数值等。

（6）污水处理厂

数据内容：名称、省、市、县、乡、中心经度（度）、中心经度（分）、中心经度（秒）、中心纬度（度）、中心纬度（分）、中心纬度（秒）、排水去向类型代码、受纳水体名称、污水实际处理量（万 t）、其中：生活污水处理量（万 t）、其中：工业废水处理量（万 t）、进口化学需氧量（t）合计、排口化学需氧量（t）合计、进口氨氮（t）合计、排口氨氮（t）合计、进口总氮（t）合计、排口总氮（t）合计、进口总磷（t）合计、排口总磷（t）合计、COD 排放量、氨氮排放量、总氮排放量、总磷排放量、COD 入河量、氨氮入河量、总氮入河量、总磷入河量。

（7）城镇生活源

数据内容：代码、名称、辖区内城镇常住人口（万人）、生活垃圾清运量（万 t）、生活用水总量（万 t）、其中：居民家庭用水总量（万 t）、受纳水体名称 1、受纳水体名称 2、受纳水体名称 3、受纳水体名称 4、受纳水体名称 5、受纳水体代码 1、受纳水体代码 2、受纳水体代码 3、受纳水体代码 4、受纳水体代码 5、排入受纳水体的污水量 1（万 t）、排入受纳水体的污水量 2（万 t）、排入受纳水体的污水量 3（万 t）、排入受纳水体的污水量 4（万 t）、排入受纳水体的污水量 5（万 t）、省、市、区、乡镇、总氮产生量、总磷产生量、COD 产生量、氨氮产生量、总氮排放量、总磷排放量、COD 排放量、氨氮排放量、COD 入河量、氨氮入河量、总氮入河量、总磷入河量。

（8）农村生活源

数据内容：代码、名称、户籍户数、户籍人口、户籍常住人口、外来常住人口、收入、高收入-有下水人数（有处理设施）、高收入-有下水人数（无处理设施）、高收入-无下水人数、中等收入-有下水人数（有处理设施）、中等收入-有下水人数（无处理设施）、中等收入-无下水人数、低收入-有下水人数（有处理设施）、低收入-有下水人数（无处理设施）、低收入-无下水人数、受纳水体名称、受纳水体代码、省（自治区、直辖市）、地区（市、州、盟）、县（区、市、旗）、乡（镇）、COD 产生量、氨氮产生量、总氮产生量、总磷产生量、COD 排放量、氨氮排放量、总氮排放量、总磷排放量、COD 入河量、氨氮入河量、总氮入河量、总磷入河量。

数据用途：建立太湖流域综合数据库，用于水质目标管理信息系统污染负荷模型计算、水环境容量计算、污染负荷分配等模块。

3.3.10.2 分区数据集

分区数据集包括水生态功能一级、二级、三级分区以及控制单元。

数据来源：中国科学院南京地理与湖泊研究所。

（1）水生态功能一级分区

数据内容：水生态功能一级分区分为两个一级区，分别为西部丘陵河流水生态区和东部平原河流湖泊水生态区。

（2）水生态功能二级分区

数据内容：将太湖流域划分为 5 个二级水生态功能区，分别为湖西丘陵森林农田交错河源生境水生态亚区、浙西山区森林河源生境水生态亚区、武锡农田河网生境水生态亚区、太湖湿地生境水生态亚区和沪苏嘉农田河网生境水生态亚区。

（3）水生态功能三级分区

数据内容：太湖流域三级功能分区共分为 21 个，分别为镇丹水源涵养与水质净化功能区、句溧水源涵养与水资源调蓄功能区、溧宜水源涵养与水资源调蓄功能区、长兴北水源涵养与生物多样性维持功能区、长安水源涵养与生物多样性维持功能区、安临水源涵养与生物多样性维持功能区、南德余水源涵养与生物多样性维持功能区、临余水源涵养与水质净化功能区、常州水质净化与营养物质循环功能区、长漏水质净化与洪水调蓄功能区、锡张水质净化与营养物质循环功能区、竺山梅梁湾水质净化与生物多样性维持等综合功能区、湖心湖东洪水调蓄和水质净化等综合功能区、西山生物多样性维持功能区、湖东生物多样性维持和初级生产等综合功能区、苏州水质净化功能区、苏常水质净化与洪水调蓄功能区、太嘉水质净化与营养物质循环功能区、上海营养物质循环与水质净化功能区、湖杭水质净化与生物多样性维持功能区、桐平水质净化与营养物质循环功能区。以上水生态功能三级分区代码对照见表 3-52。

表 3-52 太湖流域水生态功能三级分区代码对照表

三级区编码	三级区名称
111	镇丹水源涵养与水质净化功能区
112	句溧水源涵养与水资源调蓄功能区
113	溧宜水源涵养与水资源调蓄功能区
121	长兴北水源涵养与生物多样性维持功能区
122	长安水源涵养与生物多样性维持功能区
123	安临水源涵养与生物多样性维持功能区
124	南德余水源涵养与生物多样性维持功能区
125	临余水源涵养与水质净化功能区
211	常州水质净化与营养物质循环功能区
212	长滆水质净化与洪水调蓄功能区
213	锡张水质净化与营养物质循环功能区
221	竺山梅梁湾水质净化与生物多样性维持等综合功能区
222	湖心湖东洪水调蓄和水质净化等综合功能区
223	西山生物多样性维持功能区
224	湖东生物多样性维持和初级生产等综合功能区
231	苏州水质净化功能区
232	苏常水质净化与洪水调蓄功能区
233	太嘉水质净化与营养物质循环功能区
234	上海营养物质循环与水质净化功能区
235	湖杭水质净化与生物多样性维持功能区
236	桐平水质净化与营养物质循环功能区

（4）控制单元数据集

数据内容：江苏省示范区即常州市和宜兴市共划分为 19 个控制单元，编号为 101、102、103、104、105、106、107、108、109、110、111、112、113、114、115、116、117、118 和 119。其中，常州市共 13 个控制单元，即 101、102、103、104、105、106、107、108、109、110、111、112、113。宜兴市共 6 个控制单元，即 114、115、116、117、118 和 119。浙江省示范区即湖州市共划分控制单元 12 个，编号为 201、202、203、204、205、206、207、208、209、210、211 和 212。其中，长兴县 2 个，编号为 201 和 202；安吉县 4 个，编号为 203、204、205 和 206；湖州市区即吴兴区和南浔区 4 个，编号为 207、208、209 和 210；德清县 2 个，编号为 211 和 212。

数据用途：用于水质目标管理信息系统水生态服务功能评估、污染负荷模型计算、水环境容量计算、污染负荷分配等模块核算的边界。

3.3.10.3 基础地理信息数据集

数据来源：中国科学院南京地理与湖泊研究所。

数据内容：比例尺为 1∶250 000，包括行政边界、流域边界、水系、道路、城镇等基础地理数据（图 3-16）。

数据用途：主要用于制作专题图的底图。

3.3.10.4 遥感影像信息数据集

数据来源：中国科学院地理科学与资源研究所，购买自中国科学院对地观测与数字地球中心。

数据内容：19 景 2008 年、2009 年 4、5 月份的 ALOS Level1B2 影像数据（图 3-17），

包括 1 个 2.5 m 全色波段（0.52～0.77 μm）和四个可见近红外波段（波段 1：0.42～0.50 μm；波段 2：0.52～0.60 μm；波段 3：0.61～0.69 μm；波段 4：0.76～0.89 μm）。

数据用途：用于太湖流域土地利用/土地覆被遥感解译。

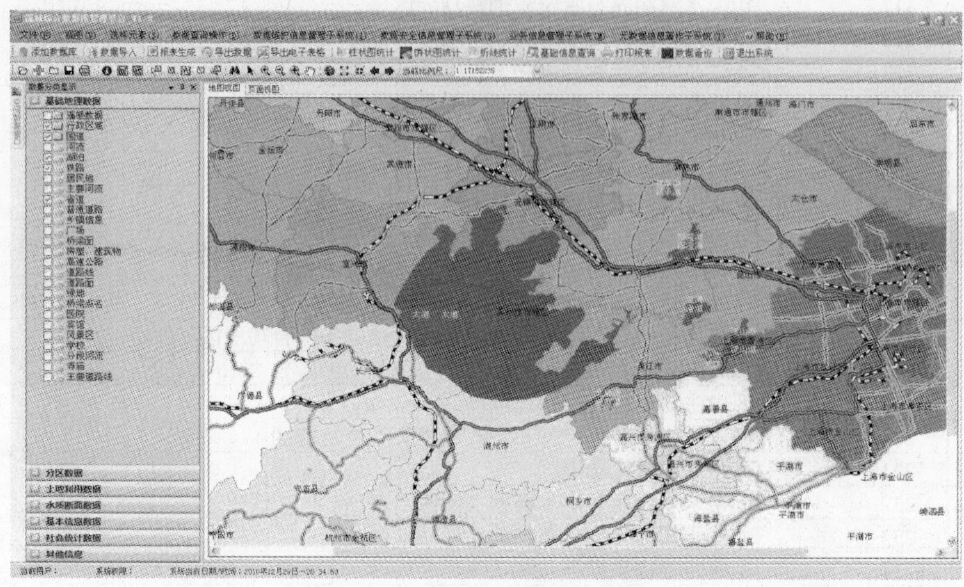

图 3-16　基础地理信息数据

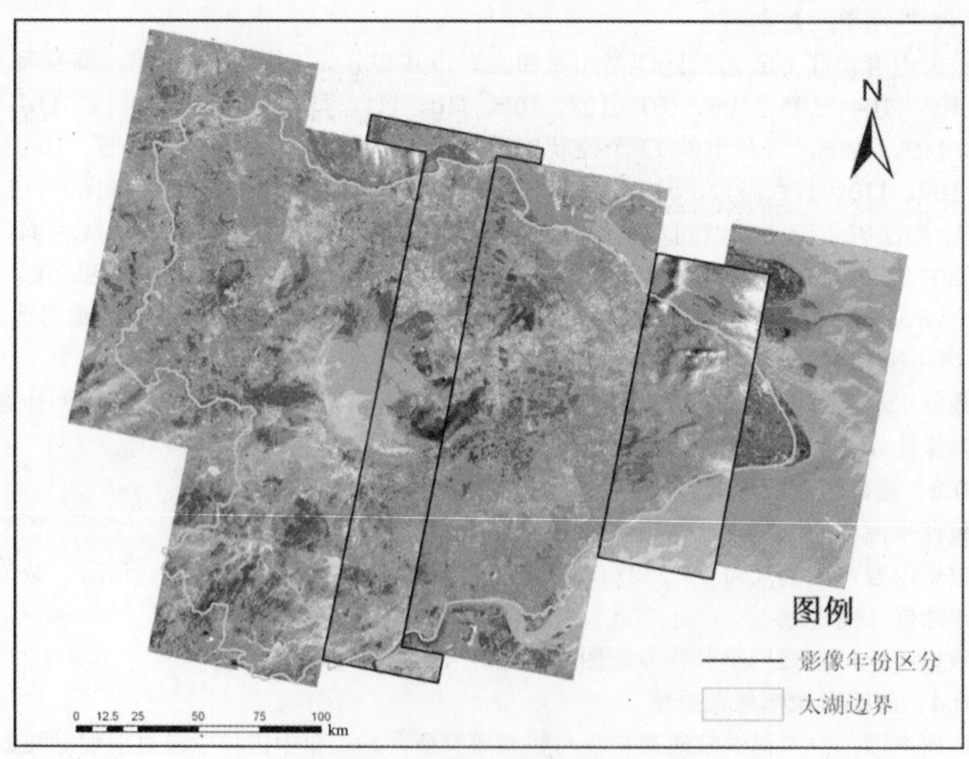

图 3-17　ALOS 影像数据

3.3.10.5 监测断面数据集

数据来源：江苏省环境科学研究院、浙江省环境科学与设计研究院。

数据内容：2007 年江苏省、浙江省国控、省控监测断面信息，见图 3-18。

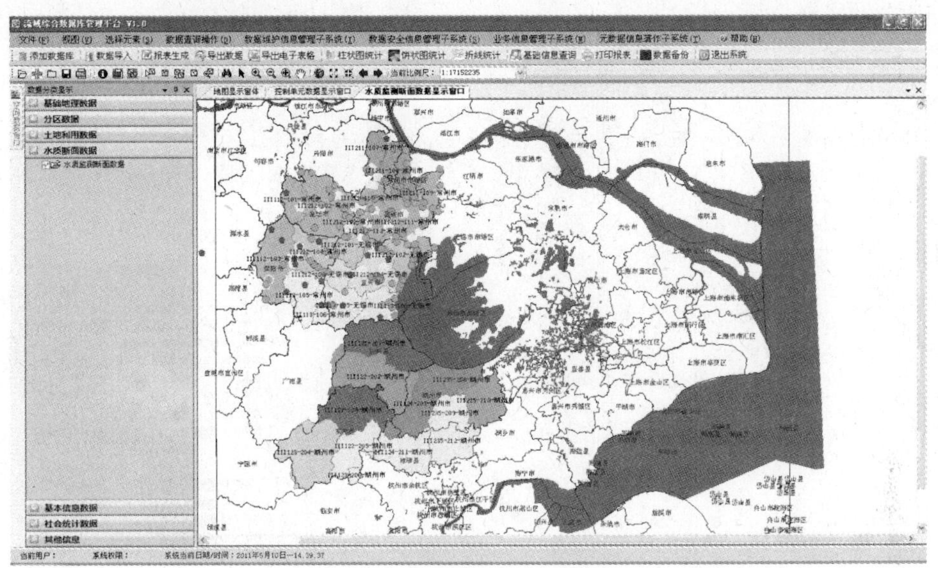

图 3-18 监测断面数据

数据用途：用于信息查询、水质污染超标预警（彭希珑等，2004）以及污染负荷分配。

3.3.10.6 太湖流域 1∶50 000 LUCC 数据集

数据来源：中国科学院地理科学与资源研究所。

数据内容：参考土地利用/土地覆被分类标准的相关文献，结合第一次野外考察（2009 年 7 月 1—17 日）了解到的太湖流域土地利用/土地覆被类型，参考《土地利用现状分类》国家标准，制定了本项目太湖流域 1∶50 000 土地覆被分类体系，包括耕地、林地、园地、草地、水域及水利设施用地、公共建筑设施及工业生产用地、住宅用地、交通运输用地、其他用地 9 个一级地类，水田、旱地、果园、城镇住宅等 35 个二级地类，竹林、大棚、养殖水面等 12 个三级地类。目视解译阶段先以常州、湖州地区为示范区，根据第一次野外考察数据（2009 年 7 月 1—17 日）和其他辅助信息得到示范区的 1∶50 000 土地利用/土地覆被的初步解译，再结合第二次对实验区的野外考察验证结果（2009 年 10 月 11—21 日），纠正目视解译中存在的问题，得到示范区的 1∶50 000 土地利用/土地覆被分类成果图。根据示范区的工作经验及成果，结合 2010 年 4 月 9—19 日的野外调查，最终得到整个太湖流域的 1∶50 000 土地利用/土地覆被成果图（图 3-19、图 3-20、图 3-21 分别为常州、湖州和太湖流域 1∶50 000 土地利用/土地覆被图），解译精度 91.86%。太湖流域土地利用/土地覆被的空间数据采用 ARCGIS 的 Personal GeoDatabase 文件格式，不同要素以 feature dataset 存储。数据集中包含点、线、面等图层。

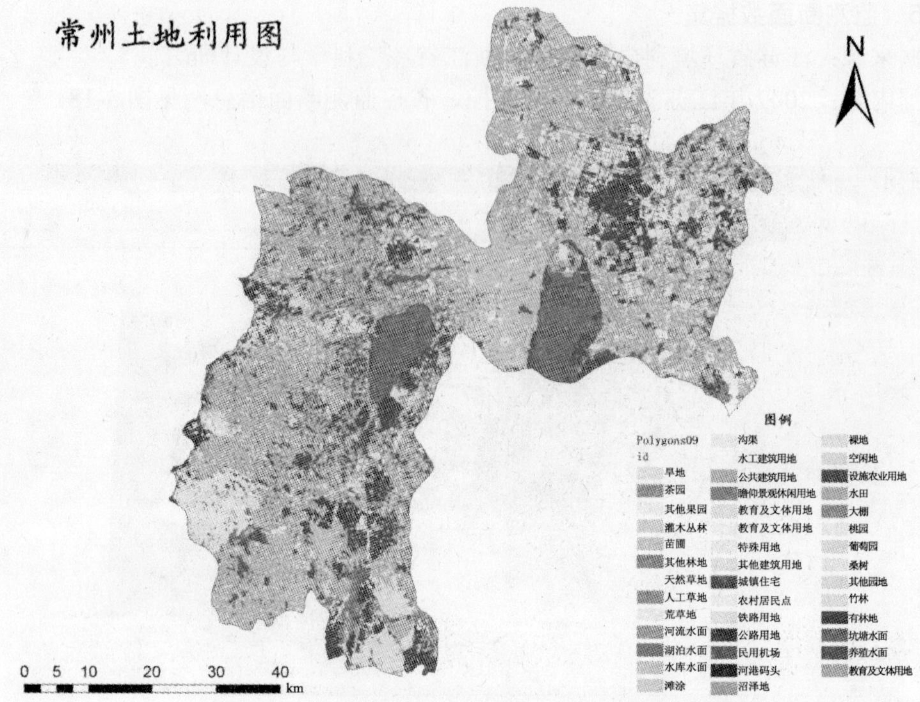

图 3-19　常州 1：50 000 土地利用/土地覆被图

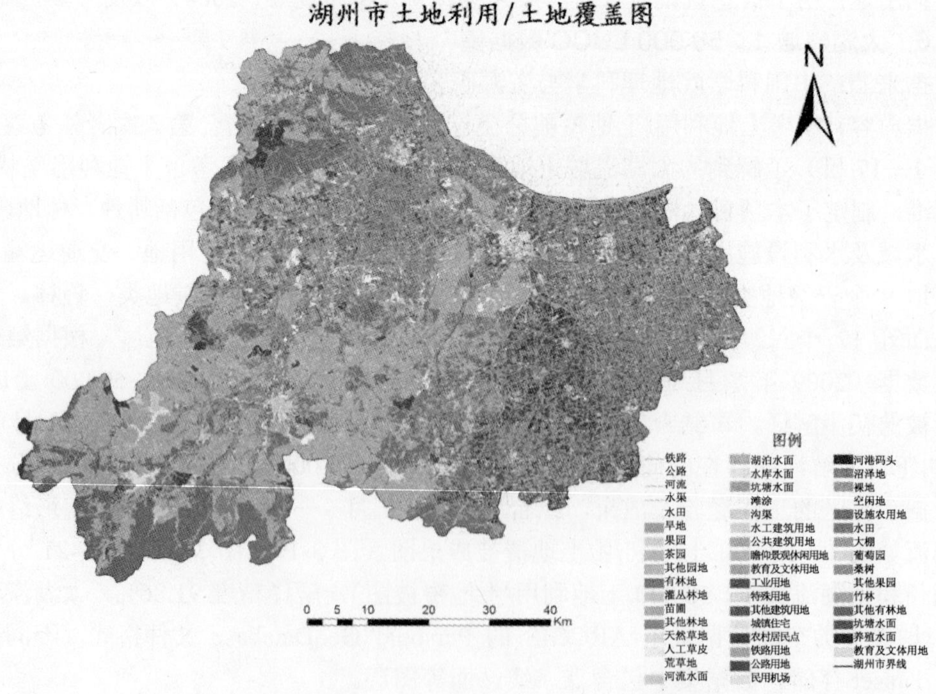

图 3-20　湖州 1：50 000 土地利用/土地覆被图

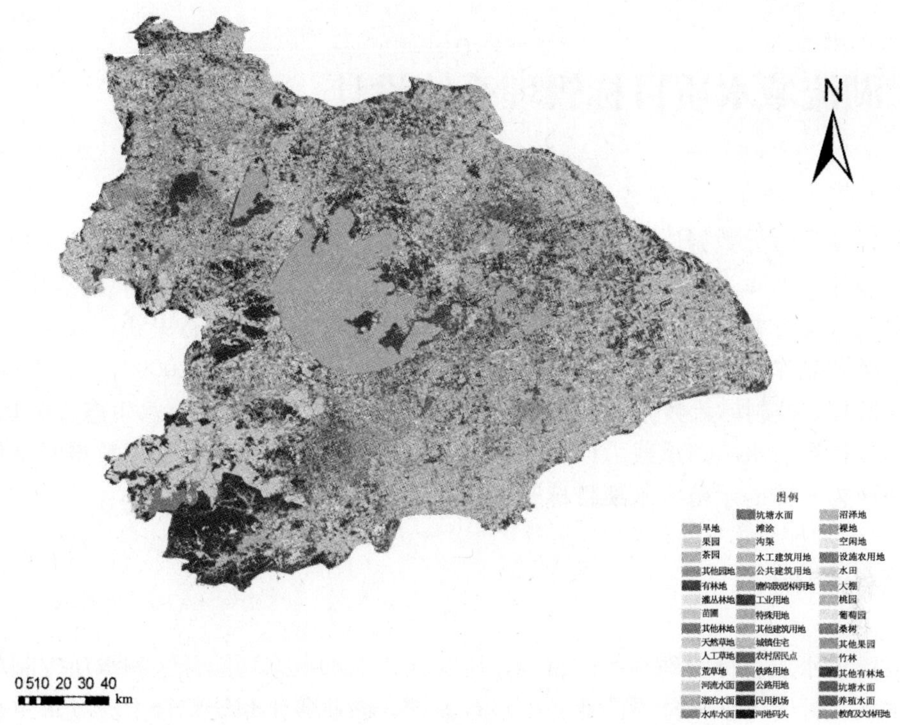

图 3-21 太湖流域 1∶50 000 土地利用/土地覆被图

数据用途：用于生态服务功能评估、水生态功能分区、生态承载力计算。

4 太湖流域水质目标管理系统设计

以基础地理信息数据库、环境背景信息数据库、模型参数数据库、遥感影像数据库、社会经济统计数据库为基础，按照国家和行业标准，进行太湖流域生态环境本地现状调查，建立太湖流域综合数据库，实现太湖流域多元数据综合管理、动态更新、数据分析、数据产品与专题图制作。依托 ArcGIS 地理信息软件平台（吴信才等，2009），整合流域水生态功能分区数据、控制单元数据、流域综合数据库，建立集数据处理、水生态服务功能评估、水环境容量计算、水生态承载力计算、污染负荷核算、污染负荷分配、数据网络传输、数据检索统计为一体的示范区水质目标管理信息系统。

4.1 系统结构

太湖流域水质目标管理系统的目标，是发展基于水生态功能分区和水质控制单元的太湖流域水质目标管理技术体系的业务化运行系统。该业务化系统整合了流域水生态功能分区边界数据库、控制单元边界数据库、流域综合数据库等；并集成了水生态服务评估模型、水生态承载力模型、水环境容量模型、污染负荷核算模型、污染负荷分配模型；依据 TMDL 实施的五个步骤，结合太湖流域自身条件，确定以总磷、总氮、COD、氨氮为主要污染指标，并在太湖流域进行了水生态服务功能定位、水环境容量计算、水生态承载力计算、污染负荷核算和污染负荷分配，针对分配的结果对太湖流域点源和面源污染提出了不同的削减方案和改善措施。太湖流域水质目标管理结构见图 4-1。

4.2 系统功能

依据 TMDL 计划实施的技术流程和太湖流域基础数据的实际状况，太湖流域水质目标管理系统按月最大污染负荷来集成实现，主要分为七个模块：水生态服务功能模块、水环境容量模块、污染负荷核算模块、污染负荷分配模块、数据管理模块、查询浏览模块以及专题制图模块（图 4-2）。

4.2.1 数据管理模块设计

数据管理模块为用户提供快捷地数据检索和数据浏览功能，满足水质目标管理系统对数据获取功能要求。数据管理系统主要功能包括：数据入库功能、元数据管理功能、数据安全管理功能、数据输出功能、数据备份与恢复功能。

4.2.1.1 元数据管理功能设计

元数据作为描述数据的内容、质量、状况和其他特性的信息的作用已变得越来越重要，成为信息资源的有效管理和应用的重要手段。元数据管理模块可以实现元数据的入库，导出，查询维护等功能。

元数据管理模块有两个子模块构成，包括元数据编辑工具模块和元数据查询浏览模块。元数据的编辑工具模块提供元数据的入库功能、元数据的编辑界面、元数据模板管理功能、元数据检查功能和元数据的提取功能；元数据查询浏览模块提供元数据的目录浏览功能、元数据库的查询功能、元数据库的维护功能和元数据的导出功能。元数据库的维护功能，元数据编辑功能则需要编辑工具模块协同完成。元数据管理模块功能结构如图 4-3 所示。

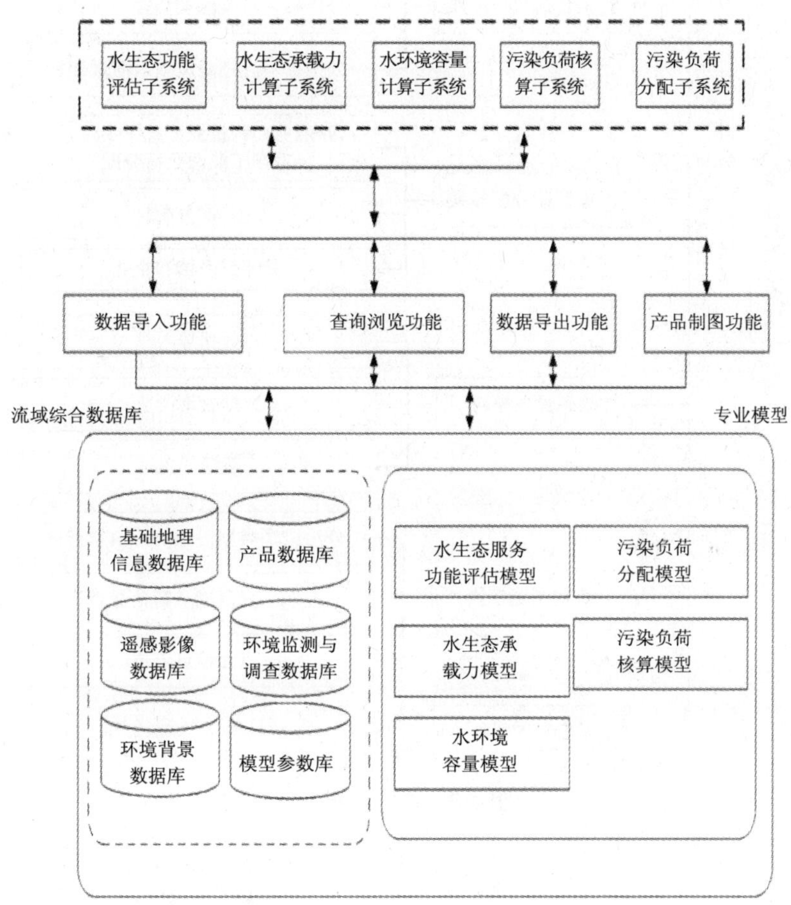

图 4-1 水质目标管理系统结构图

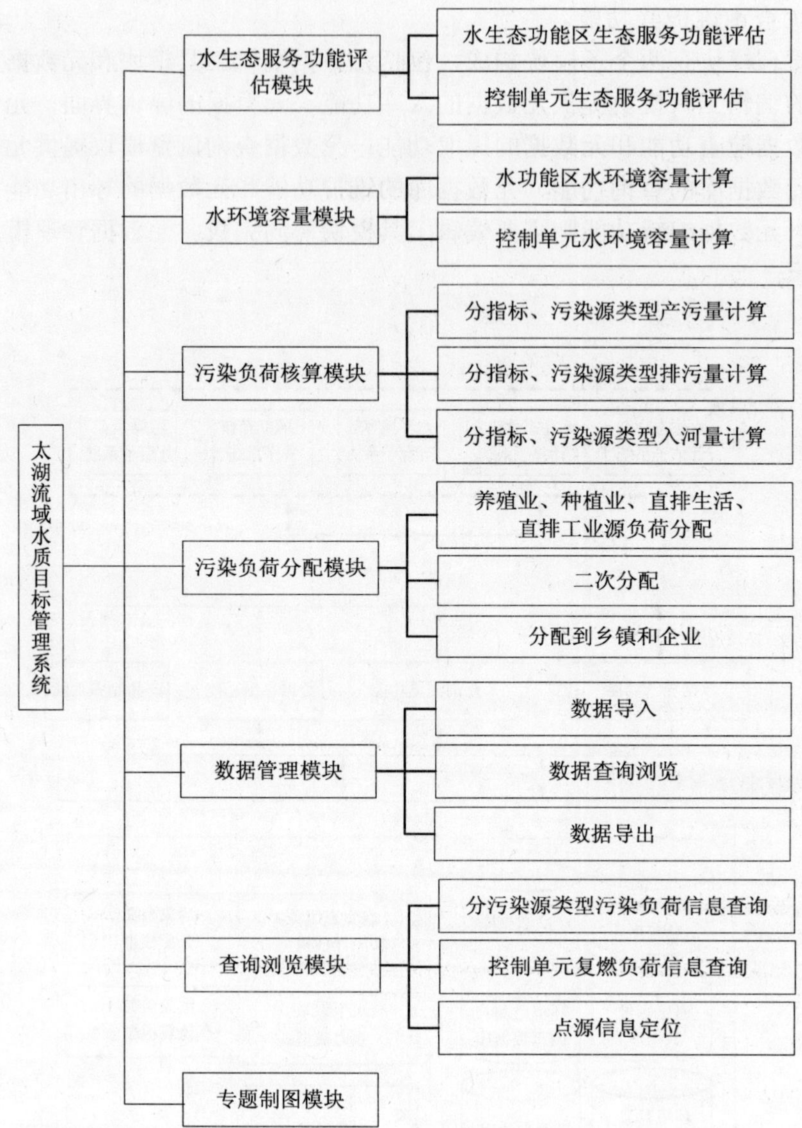

图 4-2 系统功能图

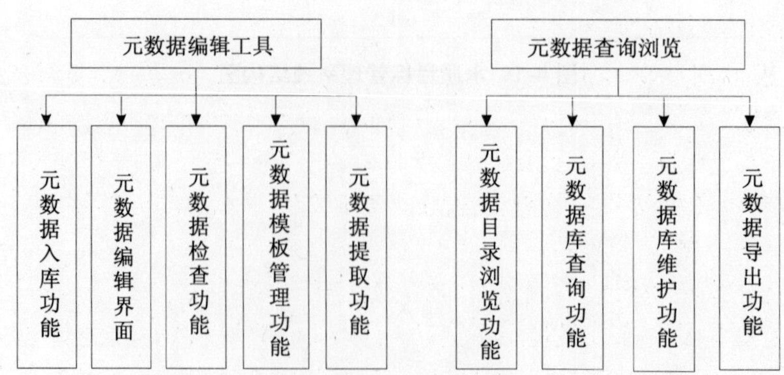

图 4-3 元数据管理模块

元数据管理功能的设计与元数据的存储与表达存在一定的关系。当前普遍采用 XML 来表达元数据，用 XML Schema 来定义元数据的模式。元数据的数据库存储有两种方式，一种是关系表，另一种是 XML 数据库。关系表的方式好处是可方便地建立元数据项的索引，提高元数据的访问效率，缺点是元数据中存在的复杂关系难以维护。XML 数据库采用 XML 文档的方式存储元数据，或是使用内容的 XML 数据类型来存储和管理元数据，并支持对元数据项建立索引。当前主流数据库都提供有元数据类型的管理能力，如 Oracle XML DB，DB2 等，采用 XML 来存储元数据是元数据库发展的趋势。

元数据管理模块提供元数据的入库、编辑、检查、提取、导出等元数据操作功能，元数据库的维护功能，元数据库的查询浏览功能等。

（1）元数据编辑功能

元数据编辑功能提供元数据的用户交互编译功能和元数据的模板功能。元数据的用户编辑功能通过一系列的用户界面方便用户编辑元数据内容，这时的关键是保证用户界面的用户友好特性，元数据的编辑工具可直接与元数据库相连，在线编译元数据的内容。另外，在成批创建相似类型数据的元数据时，元数据项都比较相似，可以采用创建元数据 XML 文档模板，预先设置公共元数据项，从而减少元数据录入的工作量。

（2）元数据检查功能

元数据的质量检查，首先是检查元数据内容是否与元数据标准规定相吻合，包括元数据标准定义时元数据项上的约束条件是否满足，元数据项关系约束是否满足。另外，元数据内容检查也包括编码类型的元数据项内容是否是有效编码。

（3）元数据的提取功能

很多元数据项信息可以从其描述的数据源中直接提取。如空间数据的元数据，空间数据的范围，空间参照系信息就可以从数据源中直接提出。元数据内容的自动提取，简化了元数据的获取，减少了用户元数据项的填写工作，也就避免了用户元数据录入错误。

（4）元数据的导出功能

元数据导出是将存储在元数据库中的元数据条目转化为 XML 文档形式输出到外部介质中。

（5）元数据库的维护功能

元数据库的维护功能包括元数据条目的删除、修改操作。

（6）元数据库的查询浏览功能

元数据库查询浏览功能提供元数据库中元数据条目的浏览和元数据条目的查询方式。元数据的浏览是按照一定的目录结构将元数据组织到一起，用户通过浏览该目录结构找到所要的元数据条目。元数据的查询是通过专用的元数据查询界面，通过时间关系、空间关系和属性关系构建查询语句，查询元数据库中的元数据条目。

4.2.1.2 数据入库功能

数据入库是将采集的数据添加到太湖流域综合信息系统中。

数据入库有两种情景，一种是用户交互入库，另一种是数据自动入库。数据的自动入库系统一般是同外部监测系统相结合，目前该功能暂时不考虑，一般情况下由用户交互实现入库，此时将交换库中的数据和存储在交换介质上的外部数据导入综合数据库。

在综合数据库中，所有入库数据，除了主体数据内容以外，都要求在元数据库中有对应元数据的描述信息，所以数据入库模块与元数据管理模块存在紧密联系。图 4-4 是数据入库模块的基本逻辑结构。

数据入库模块主要有下列功能：

（1）数据质量检查功能

数据入库子系统能够根据数据的专业特点，提供数据完整性、一致性的数据检查功能，尽可能保证入库数据质量；数据质量检查也要求重用元数据管理子系统的元数据质量检查功能，在入库时不但要保证数据质量，也要检查该数据元数据的质量。

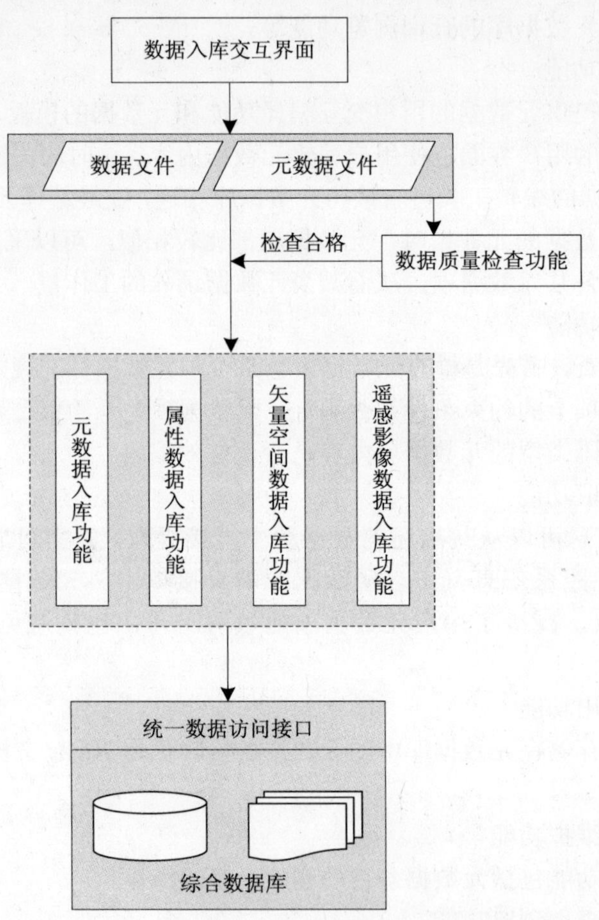

图 4-4 数据入库模块的基本逻辑结构

（2）属性数据入库功能

在综合数据库中存在着许多表格形式存储的非空间属性数据集，如不带有空间参照信息的统计数据、检测数据等，这些数据可从 DBF、Excel 等外部数据文件中读取，数据入库功能将根据数据的分类为该数据在合适的库中建立数据表，并向该表中写入数据内容。

（3）矢量空间数据入库功能

在综合数据库中矢量空间数据以图层的方式存在，一个图层一般与一个表格相对应，同时在图层信息表中写入图层名等相关信息。矢量数据库中，矢量数据按照图层管理和维护需要有空间数据库引擎的支持，所以空间数据入库需要封装第三方空间数据库引擎的程序，在数据入库时根据数据的分类在合适的库中创建空间数据层，并向库中写入空间数据。

（4）遥感图像数据入库功能

遥感图像数据入库功能支持两种数据存储方式，即遥感数据以影像金字塔形式存储在数据库中或是以数据文件的方式存储在网络文件系统中。如要把遥感影像数据存入数据库，需要有栅格类型的空间数据引擎的支持。当以文件数据方式存储时，该功能能够根据数据的分类在合适的数据目录下，以规范化的文件名存储文件数据。

4.2.1.3 数据输出功能

数据输出功能主要应用在数据交换场合，该功能按照用户指定的数据格式输出数据。对于不同的数据内容，可以指定不同的数据格式，如空间数据一般输出 ShapeFile 格式文件；表格数据一般输出 Excel 表；影像数据输出 GeoTiFF 文件。

数据输出/制图模块功能分为两个子模块，即数据输出模块和制图模块。数据输出模块主要有数据输出功能；制图模块包括制图模板定制功能、制图模板管理功能和制图打印输出功能。图 4-5 是数据输出/制图模块功能结构图。

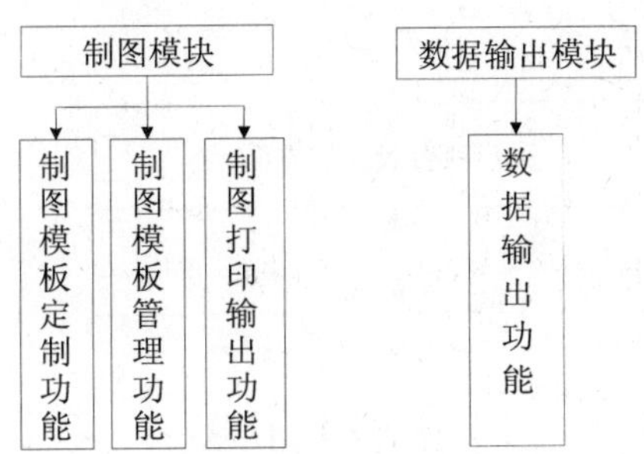

图 4-5 数据输出/制图模块功能结构图

4.2.1.4 数据安全控制功能

数据控制安全子系统主要数据访问的安全控制，包括数据浏览控制和数据的修改控制，同时数据安全控制子系统也对数据入库、维护等功能的使用权限进行控制。

由于水质目标管理系统的运行需要有多个软件系统协作来完成，同样数据安全控制模块需要同其他系统的安全设施协同工作完成安全控制功能，如在数据库系统中，数据的查询、修改等操作权限需要通过数据库系统安全子系统进行控制；在文件服务器中，数据文件的读取和更新操作权限需要网络文件系统安全子系统进行控制。数据安全子系统能够建立与这些外部系统安全子系统之间的联系，通过与这些外部安全系统之间的协作工作完成数据安全控制工作。

数据安全子系统的主要功能包括以下几个方面：

（1）用户信息管理功能

用户信息管理功能包括用户所在部门信息维护功能，用户的信息维护功能，用户级别的设置功能。

（2）用户身份识别功能

用户身份识别最简单的方法可以通过口令认证进行。

（3）数据访问授权功能

该功能根据数据的安全特性设置数据不同的访问权限，如是否可以被修改、能为哪一级用户访问等。

（4）用户操作授权功能

用户操作的权限主要指的是用户对系统的使用授权，如数据入库授权、数据维护授权，将不同类型的操作权限授予不同级别的用户。

（5）用户映射表的维护功能

有些数据访问控制需要有外部系统的安全控制设施来实现，如数据库中表的查询和更新能力需要由数据库管理系统的安全设施进行控制，为了简化安全信息的管理，数据安全控制子系统的用户信息被当做了全局用户，既是整个数据库管理分系统各子系统的用户，同时也是业务系统的用户。由于数据访问控制功能需要由其他的外部系统协作完成，而外部系统一般有自己独立的用户库和安全控制设施，这时是通过建立全局用户和外部独立安全系统用户之间的映射来实现用户的自动转换，当用户访问数据库时，会自动用映射表中的数据库系统用户创建数据库连接，借助数据库管理系统的安全能力达到对数据库表中数据的访问控制。图 4-6 是全局用户与外部用户之间的映射关系。

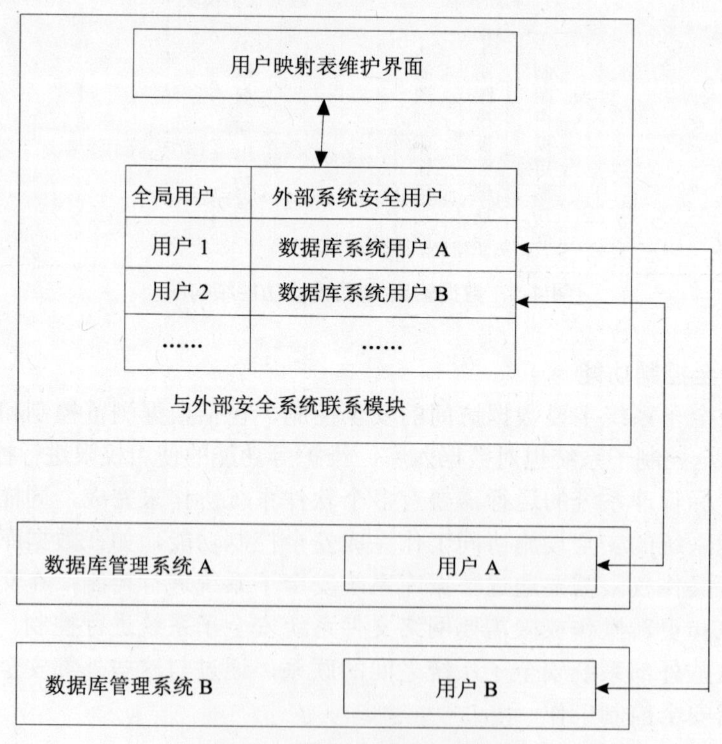

图 4-6 用户映射关系示意图

数据安全模块可以由三个子模块构成，即用户管理模块、数据安全控制模块和与外部安全子系统的联系模块。用户管理模块包括用户信息管理功能和用户身份识别功能；安全控制模块包括安全信息管理功能、用户操作授权功能、数据安全控制功能；与外部安全子系统的联系模块通过维护用户映射表与外部安全子系统建立联系。模块功能结构如图4-7所示。

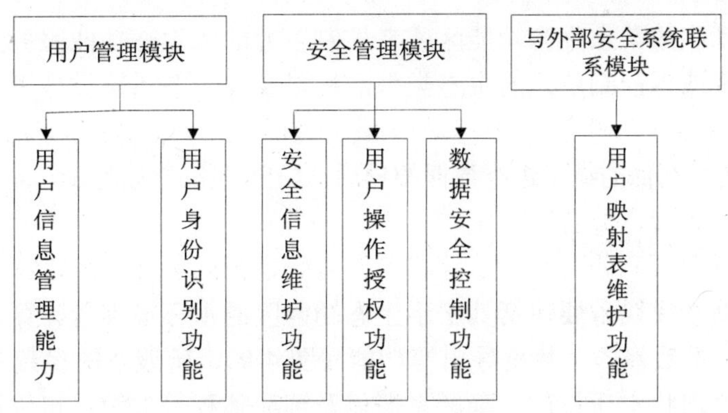

图 4-7 模块功能结构图

4.2.2 水生态服务功能评估模块设计

水生态服务功能评估功能包括基于三级水生态功能区的水生态服务功能评估功能、基于控制单元的水生态服务功能评估功能、报表生成功能、数据导出等功能（图 4-8）。

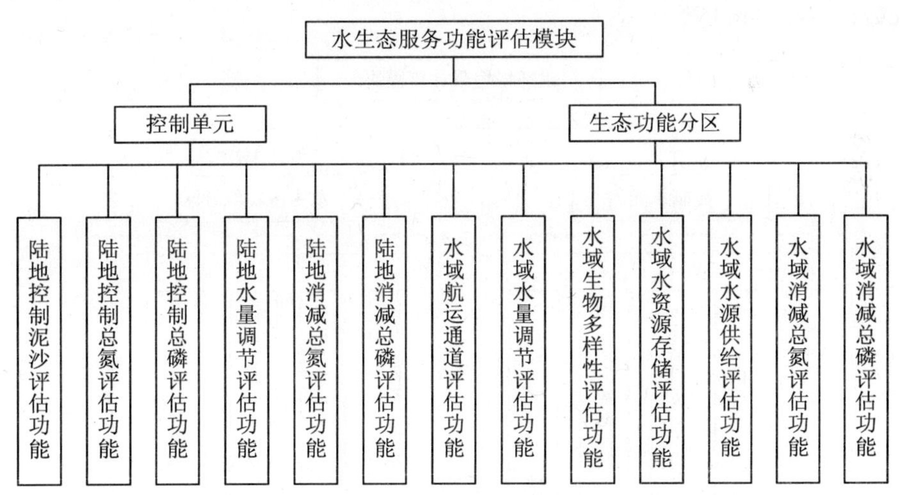

图 4-8 水生态服务功能评估功能图

基于三级水生态功能区的生态服务功能。

可以对某水生态功能区的陆地控制泥沙、陆地控制总氮、陆地控制总磷、陆地水量调节、陆地削减总氮、陆地削减总磷、水域航运通道、水域水量调节、水域生物多样性、水域水资源存储、水域水源供给、水域削减总氮、水域削减总磷等功能进行评估。

基于控制单元的水生态服务功能。

可以对某控制单元的陆地控制泥沙、陆地控制总氮、陆地控制总磷、陆地水量调节、陆地削减总氮、陆地削减总磷、水域航运通道、水域水量调节、水域生物多样性、水域水资源存储、水域水源供给、水域削减总氮、水域削减总磷等进行评估。

报表生成。

系统可以自动生成某水生态功能区或者控制单元的水生态功能服务评估结果，主要包括某水生态功能区或者控制单元的生态类型面积以及各生态系统类型组成等内容。

数据导出。

将生态服务功能评估的结果进行数据的导出，导出的格式包括.xls、.cvs、.doc、.html 等。

4.2.3 水环境容量模块设计

水环境容量功能模块主要包括基于水生态功能区的水环境容量计算、基于控制单元的水环境容量计算、参数修改、数据导出等功能（图 4-9）。所涉及的参数主要包括河段流量系数、水质标准、现状水质系数、降解系数以及河流体积等参数，可以计算 COD、TP、TN、NH_3-N 的水环境容量。

（1）基于水生态功能区的水环境容量计算功能

根据系统提供的参数（河段流量系数、水质标准、现状水质系数、降解系数、河流体积等参数）通过相应的公式从而得到水功能区的水环境容量。

（2）基于控制单元的水环境容量计算功能

通过计算得到的水功能区的水环境容量，结合控制单元的面积，从而得到控制单元的水环境容量。数据导出将水环境容量计算的结果进行数据的导出，导出的格式包括.xls、.cvs、.txt、.html 等。

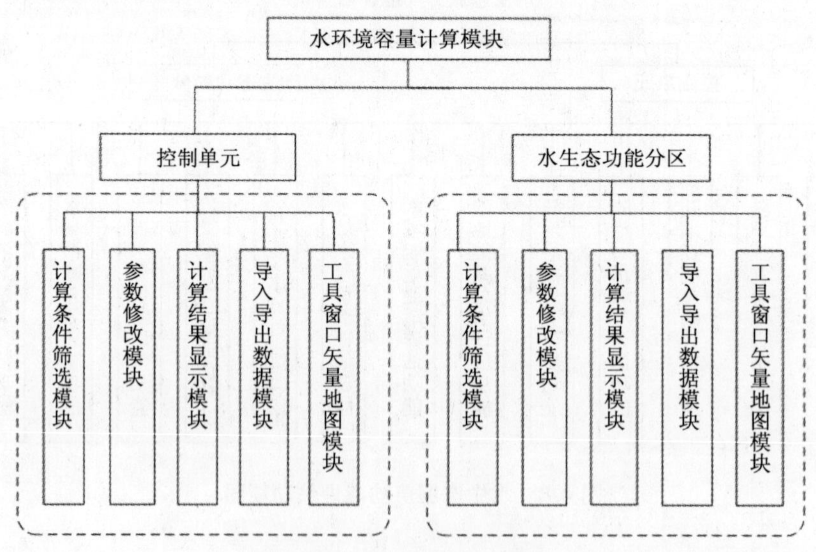

图 4-9 水环境容量功能图

4.2.4 水生态承载力模块设计

生态承载力模块的功能包括水资源供需功能、污染物入河量计算功能以及相应的水生态承载力指数，通过调整人口增长速度、城镇化年增长率、城镇生活污水处理率年变化、农村生活污水处理率年变化和中水回用率年变化从而得到水资源供需的需水量和水资源可利用量以及污染物入河量。水生态承载力功能见图 4-10。

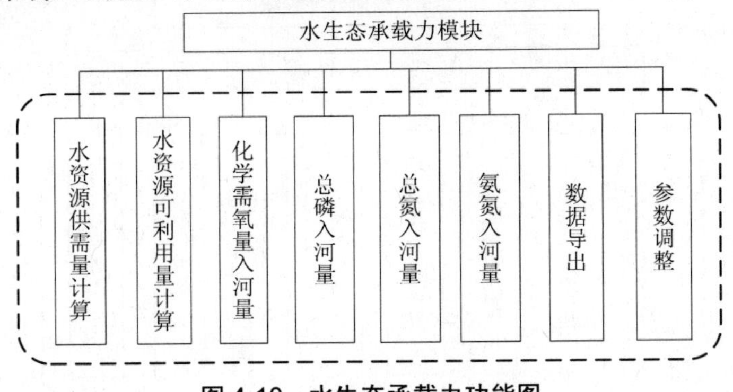

图 4-10 水生态承载力功能图

4.2.5 污染负荷核算模块设计

污染负荷估算模块的主要功能包括产污量计算功能、排污量计算功能、入河量计算功能以及数据导出功能。输入数据包括点源数据（一般工业源、重点工业源和污水处理厂）和面源数据（畜禽养殖、网箱养殖、池塘养殖、城镇生活、农村生活、种植业），输出的数据包括污染物的产生量、排放量和入河量（图 4-11）。

数据导出功能：将污染负荷估算得出的结果进行数据的导出，导出的格式包括.xls、.cvs、.txt、.html 等。

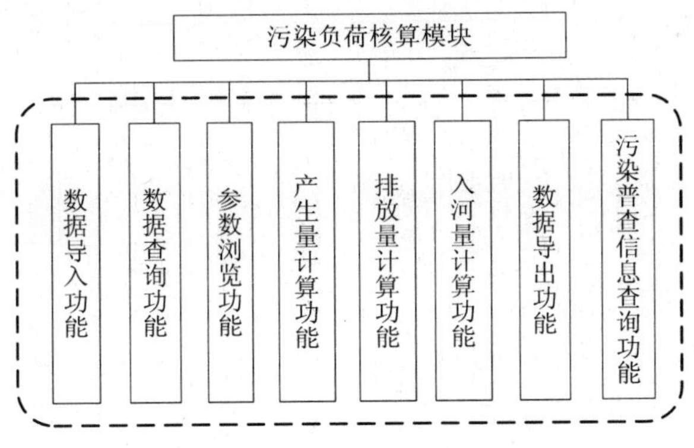

图 4-11 污染负荷估算功能图

4.2.6 污染负荷分配模块设计

污染负荷分配模型设计了三层的分配方式，一层分配主要是对点源（直排工业源）和面源（养殖业源、种植业源、直排生活源）的分配；二层分配，对于点源主要是分配到由排污口和没有排污口的企业，对于面源二层分配是对一层分配进行再分配，养殖业源分配到畜禽养殖和水产养殖；种植业源分配到乡镇；直排生活源分配到城镇生活源和农村生活源；三层分配是对二层分配结果的再分配，点源是分配到各个企业，面源分配到乡镇。主要的功能包括控制单元水环境容量计算、第一次分配、第二次分配、第三次分配和数据导出功能，导出的格式包括.xls、.cvs、.txt、.html 等。污染负荷分配模型设计如图 4-12 所示。

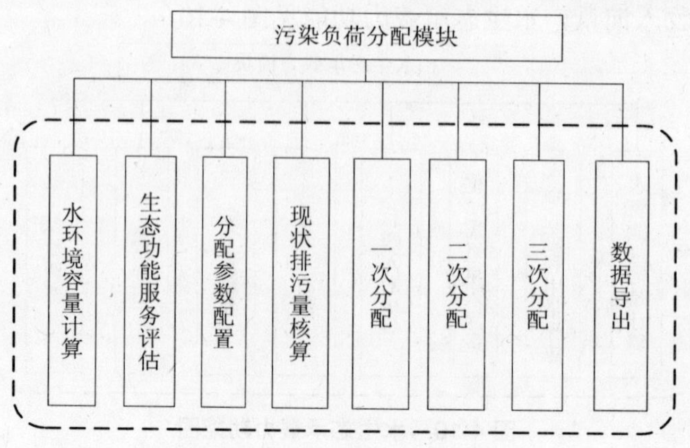

图 4-12　污染负荷分配功能图

4.2.7　查询统计分析模块设计

查询统计分析模块主要功能包括工业点源信息查询、养殖业污染负荷信息查询、直排工业源污染负荷信息查询、控制单元污染负荷信息查询、种植业污染负荷信息查询、直排工业源信息查询、乡镇污染负荷信息查询、工业点源定位功能以及数据导出功能（图 4-13）。

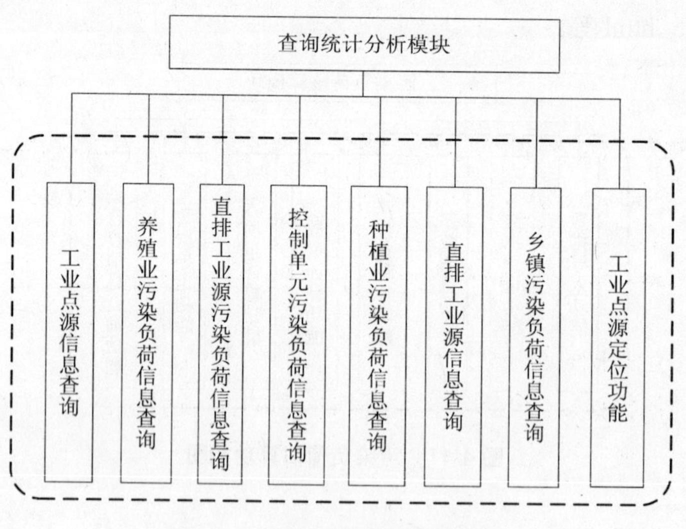

图 4-13　查询统计分析功能图

4.2.8　专题制图模块设计

专题地图是按照地图主题的要求突出、完善地显示一种或几种特定的要素，而使地图内容、用途成为专题化的地图。它由底图要素和专题要素组成。与普通地图相比，专题地图只将某一种或几种相关联的要素特别完备而详尽地显示。其他要素则较为次要地显示，甚至某些要素根本不予表示。在专题图上不仅可以表示现象的现状及其分布，而且能表示出现象的动态变化和发展规律，为行业规划、设计和决策提供有关的科学依据。

基于 ArcGIS 专题图制作室将各种专题数据图形化，在地图上直接、快捷、方便地显示出来，也就是利用属性表中一列或多列数据编制专题地图的方法。专题地图的制作正是将各种专题属性数据图形化在地图上快捷、直观、翔实地表示，用不同的颜色来区分不同大小或不同性质的属性数据，用符号大小反映数值大小，用点的疏密表达数值大小，用直方图、饼图显示数据等。

4.2.8.1　单值图模块

单值图模块主要实现图层的基于某种属性的单值渲染。对于属性值相同的空间实体（点、线、面）将以相同符号进行渲染。该模块中，用户可以选择图层、设置属性字段及渲染色带。

4.2.8.2　分类图模块

该模块可以对图层进行颜色渐变符号渲染和尺寸渐变符号渲染。对于颜色渐变符号渲染，可以选择渲染色带、设定分类等级；对于尺寸渐变符号渲染，可以设定渲染符号及符号的起始和终结尺寸。两种渲染方式均可选择欲渲染的图层和分类方式。分类方式有五种：等间距、自定义等间距、数量等分、自然间断和标准偏差。为使用户能够最大限度地自定义分类图，该模块提供对分类数值区段进行编辑的功能，使分类图能够按用户设定的分类数值区段进行分类显示。

4.2.8.3　点密度图模块

点密度图模块实现对图层的点密度图渲染，该功能只对面图层有效。渲染前，应能设定所选的图层整体背景颜色和区域边界线的颜色及线宽；应能选择色带、选择点符号、设定点符号的尺寸及颜色、设定一个点符号所代表的数目。

4.2.8.4　图表图模块

图表图模块可以以饼状图、柱状图、累积柱状图渲染图层。渲染前，可以选择图层、设定符号尺寸、选择色带及渲染字段。

4.2.8.5　单一符号图模块

单一符号图模块实现对图层的单一符号渲染，即对同一图层中的所有地图要素以相同符号表示。

4.2.8.6　自动匹配符号图模块

自动匹配符号图模块以预先设计好的符号库中的符号对图层进行相关渲染。匹配准则由用户预先设定，如可以以国标作为匹配标准。对于没有匹配符号的对象以默认符号代替之。

4.2.8.7　符号选择器模块

符号选择器模块主要实现符号的选择及修改功能。符号选择器可以实现 ArcGIS 符号库以及用户自定义符号库中的任何符号的可视化及选择，并在此基础上进行颜色、尺寸等属性修改，生成新的、符合用户需要的符号。符号选择器和各专题图交互界面结合使用，极大地增加了专题图渲染模块进行符号渲染的灵活性。符号选择器的设计和实现的好坏以及其与各渲染模块交互界面之间的交互是专题图模块具有较强渲染灵活性的关键。

专题图模块功能结构划分及功能见图 4-14。

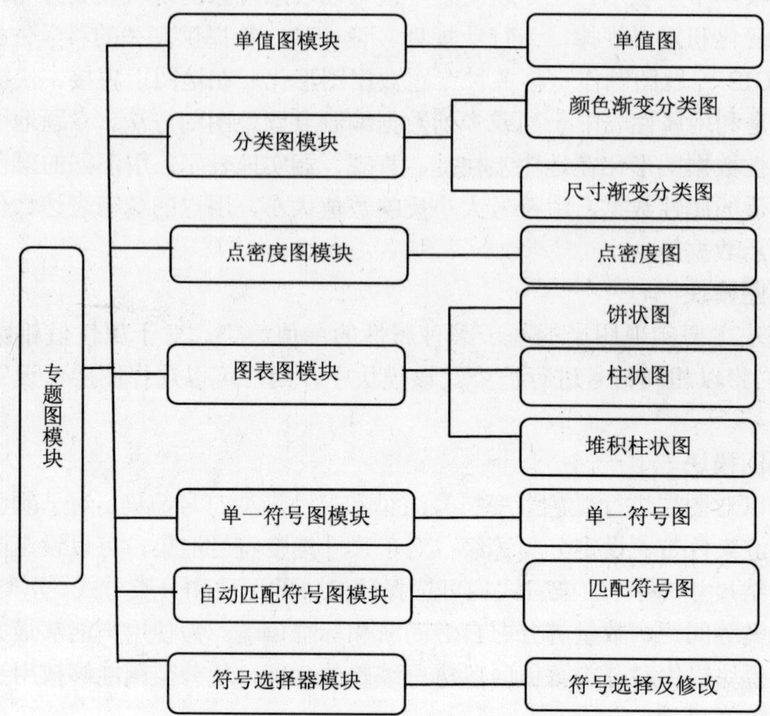

图 4-14 模块功能结构划分及功能

5　太湖流域水质目标管理系统实现

5.1　系统开发思想

5.1.1　面向管理业务

太湖流域水质目标管理系统必须和业务部门的业务目标、管理要求、流程相适应，否则系统的建设对业务部门是毫无意义的。所以在太湖流域水质目标管理系统的开发过程中必须牢牢把握“以满足业务部门的实际需求为第一目标”这一宗旨。在对系统结构划分时，先按业务进行划分，再按具体功能划分。基于这样的系统结构划分思想，可以在各个业务模块充分反映出该业务的特性，根据该业务的具体需求，量身定制业务功能，从而真正成为一个业务信息的管理系统，实现水质目标管理系统的建设目标。

5.1.2　分层次开发

从软件开发与维护的角度出发，在开发复杂的软件系统时，使用最多的技术之一就是分层。当用分层的观点来考虑系统时，可以将各个子系统想象成按照“多层蛋糕”的形式来组织，每一层都依托在其下层之上。在这种组织方式下，上层使用了下层定义的各种服务，而下层对于上层一无所知。另外，每一层对自己的上层隐藏起下层的细节。将太湖流域水质目标管理系统按照层次分解具有以下优点：

1）在无需过多了解其他层次的基础上，可以将某一层作为一个有机整体来理解。

2）可以替换某层的具体实现，只要前后提供的服务相同即可。

3）可以将各层次间的依赖性降到最低。

4）分层有利于标准化工作。

5）一旦构建好了某一层次，就可以用它为很多上层服务提供技术支持。

所以，我们可将系统划分为数据层、业务逻辑层和表现层 3 个基本层次。

5.1.3　组件式开发

从系统的灵活性角度考虑，我们采用组件式软件开发方式，从业务上将系统划分为若干个子系统；在每个子系统的内部实现功能方面，将系统划分为一个个相对独立的功能组件，相互之间基于接口进行通信。这样更好地反映了面向对象的软件开发思想，能够根据用户业务的变化，对系统进行灵活的功能增加或删减，以便更好地满足用户的需求。

5.2 系统开发总体方案

5.2.1 系统开发方法

基于上述系统开发的基本思想，本着构建一个基于C/S架构的应用型地理信息系统（程文等，2005），以业务为先导，分层次，组件式的“信息系统的设计思想”进行太湖流域水质目标管理系统的开发。它采用了目前主流的软件开发思想，能够较好地满足系统的开发和建设需要，能够方便日后的功能扩展与系统的维护升级。

此外，在系统开发过程中，需要考虑系统的先进性、稳健性、安全性、开放性、柔性、实用性及其界面的友好性。其中，先进性体现在符合计算机软件技术发展潮流，产品具有技术领先和强大的可持续发展性，应用系统支持网络应用环境。稳健性体现在系统具有高可靠性和高容错能力，保证局部出错不影响全系统的正常工作。应用系统能针对用户的操作顺序、输入数据进行正确性检查，并以显著方式提供错误信息。应用系统提供运行监视和故障恢复机制，建立系统运行日志文件，跟踪系统所有操作。安全性体现在系统应具有多级安全控制措施和监控措施，保证系统的安全性，并能根据用户要求采用用户级别分级及密码检验机制，保障不同用户具有相应级别权限。开放性体现在系统具有方便和快速的维护性能。柔性体现在系统具有良好的界面柔性、运行柔性和结构柔性，满足用户个性化定制要求。实用性体现在充分借鉴已有的成功经验，考虑与现有系统的接口，保护现有投资，系统的建设投资少、开发周期短、操作简单易用。界面友好体现在采用交互式人机会话操作，界面美观、操作简便。

根据系统开发目标与模块优化开发方案，太湖流域水质目标管理系统采用面向对象的“用例驱动，以架构为中心，迭代和增量开发”的统一软件开发过程及面向对象的自顶而下逐步求精的软件开发方法进行软件开发。太湖流域水质目标管理系统开发的总体技术路线为：在充分分析各个模块的功能和结构的基础上，采用面向对象的用例分析，了解各个模块所涉及的对象和对象间的关系，建立系统架构，然后进行面向对象的设计，迭代和增量开发系统各个组成模块，最后采用面向对象的程序设计，用面向对象的语言实现整个太湖流域水质目标管理系统的开发。

5.2.2 系统开发技术路线

太湖流域水质目标管理系统开发技术路线如图5-1所示。

5.2.3 开发工具与平台

太湖流域水质目标管理系统建设主要软件环境包括操作系统环境、数据库系统环境、空间数据库引擎、空间信息组件、软件开发语言、软件开发平台等。操作系统环境选用Windows XP，服务器环境选用Windows 2003 Server；数据库系统选用Oracle10 g；空间数据库引擎选用Arc SDE 9.2；空间信息组件选用Arc Engine 9.2；开发语言选用C#、C++混合开发；软件开发平台选择Visual Studio 2005。

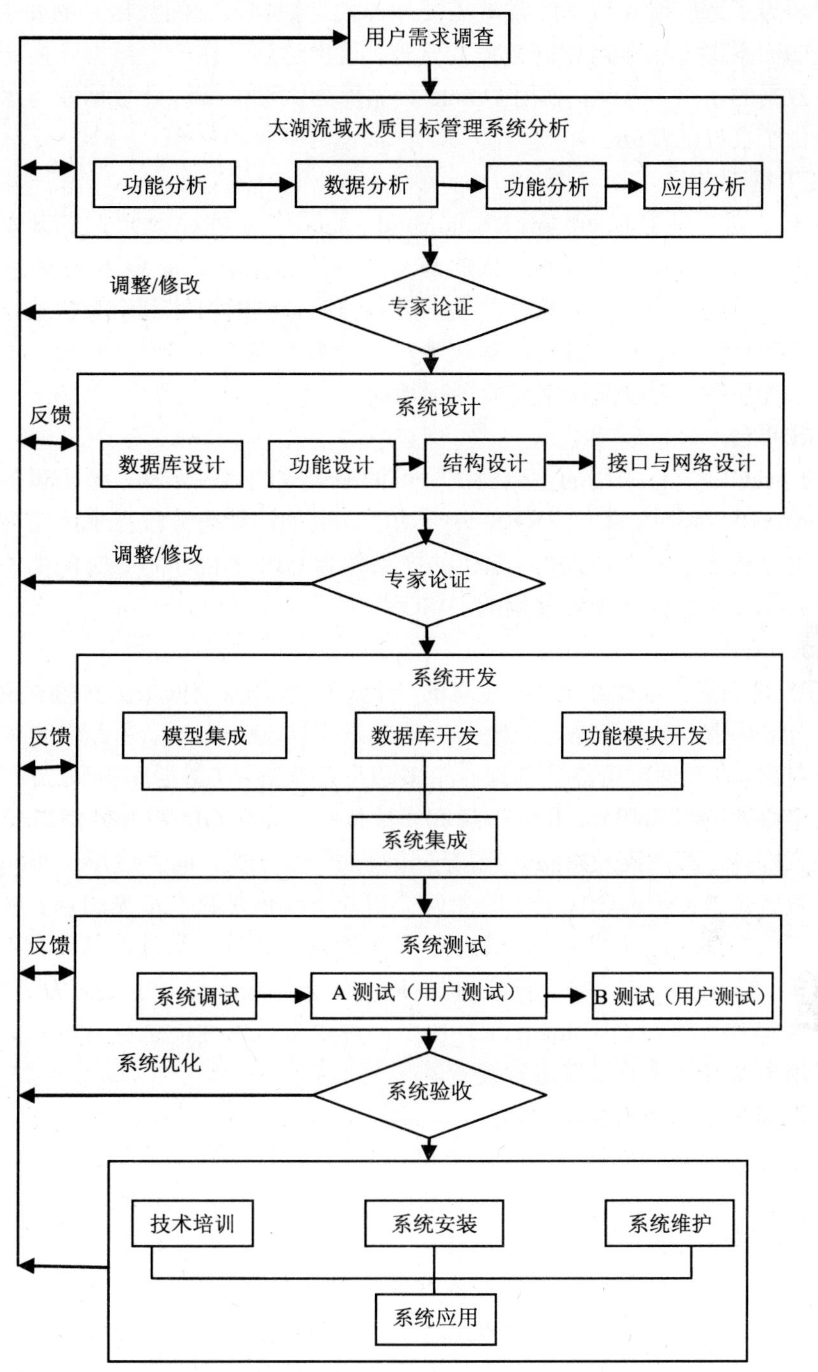

图 5-1 系统开发技术路线

5.2.3.1 Oracle 10g 数据库

数据库采用 Oracle 10g，目前 Oracle 已被业界公认为解决管理中大型数据量的最佳的数据库管理系统（DBMS），大量应用于银行、电信、网站等。其显著特点是对大容量的、分布式的数据库进行的查询、编辑等操作的速度在同行业中是最快的，它支持海量数据的存储和管理。为了适应现在数据库常常需要涉及地理数据（空间数据）的要求，Oracle 公司开发了 Spatial 模块，用于对空间数据的管理，这样达到了在一个数据库内统一管理空间数据和属性数据的水平。因此，采用 Oracle 数据库为太湖流域综合数据库与水质目标管理信息系统提供了良好的基础。

5.2.3.2 NET 框架

Microsoft 公司提供了 Microsoft Visual Studio .net 作为 Internet 产品的开发平台。其优点是功能强大，可以方便地进行网页式的开发。C#语言集成了原 VC6 和 VB6 的优点，使其性能显得更加卓越。符合当今软件开发的最新技术，同时可达到研发快速、系统功能强大、系统界面美观的目标，并且可以实现系统的跨平台需求。采用 C#.net 进行 Arc Engine GIS 部分的二次开发，可以发挥空间的各项功能。

5.2.3.3 GIS 平台

ESRI 的 ArcGIS 软件采用的是全面的、可伸缩集成的体系结构，可提供多层次的产品解决方案、ArcGIS 提供大量专业 GIS 分析功能，例如：动态分段技术、缓冲区分析、叠加分析、三维分析等。本系统采用 ESRI 的产品作为 GIS 平台，用 C/S 的架构方式，将系统建成资源共享、又可灵活延展使用的 GIS 系统。

5.2.3.4 Open GIS

Open GIS 是国际标准组织 OGC 建立的一套 GIS 操作及空间数据传输存储标准，Open GIS 定义了一组基于数据的服务，而数据的基础是要素（Feature）。所谓要素简单地说就是一个独立的对象，在地图中可能表现为一个多边形建筑物，在数据库中即一个独立的条目。要素具有两个必要的组成部分，几何信息和属性信息。Open GIS 将几何信息分为点、边缘、面和几何集合四种。其中我们熟悉的线属于边缘的一个子类，而多边形（Polygon）是面的一个子类，也就是说 Open GIS 定于的几何类型并不仅仅是我们常见的点、线、多边形三种，它提供了更复杂更详细的定义，增强了未来的可扩展性。另外，几何类型的设计中采用了组合模式（Composite），将几何集合（Geometry Collection）也定义为一种几何类型，类似地，要素集合（Feature Collection）也是一种要素。属性信息没有做太大的限制，可以在实际应用中结合具体的实现进行设置。

5.2.3.5 Arc SDE 空间数据引擎

Arc SDE 是美国著名的地理信息研究机构 ESRI 推出的空间数据库解决方案，它在现有的关系或对象关系型数据库管理系统的基础上进行空间扩展，可以将空间数据和非空间数据集成在目前绝大多数的商用 DBMS 中。

其访问模式如下：Arc SDE 服务器内存放有空间对象模型，用户的应用程序通过 Arc SDE 应用编程接口向 Arc SDE 服务器提出空间数据请求，Arc SDE 服务器依据空间对象的特点在本地完成空间数据的搜索，并将搜索结果通过网络向用户的应用程序返回。

Arc SDE 的开放式数据访问模型，支持最新的标准（Open GIS、SQL3、SQL Multi-media），提供快速的、多用户的数据存取，提供开放的应用开发环境，是目前非常成功的空间数据库引擎系统。

在 DBMS 中融入空间数据后，Arc SDE 可以提供对空间、非空间数据进行高效率操作的数据库服务。Arc SDE 不但灵活地支持每个 DBMS 提供的独特功能，而且能为底层 DBMS 提供它们所不具备的功能的支持。

Arc SDE 是 Arc GIS 与关系数据库之间的 GIS 通道。它允许用户在多种数据管理系统中管理地理信息，并使所有的 Arc GIS 应用程序都能够使用这些数据。

Arc SDE 是多用户 Arc GIS 系统的一个关键部件。它为 DBMS 提供了一个开放的接口，允许 Arc GIS 在多种数据库平台上管理地理信息。这些平台包括 Oracle，Oracle with Spatial/Locator，Microsoft SQL Server，IBM DBZ 和 Informix。

5.3 关键技术

关键技术主要包括三个方面，一是多元数据集成技术；二是基于 GIS 组件的 TMDL 系统实现技术；三是水环境模型集成技术。

5.3.1 多元数据集成技术

在流域综合数据库基础上，通过水生态功能评估参数表、水环境容量系数表、排污口对应关系表等建立与控制单元之间的关系，从而实现基于控制单元的信息管理（图 5-2）。

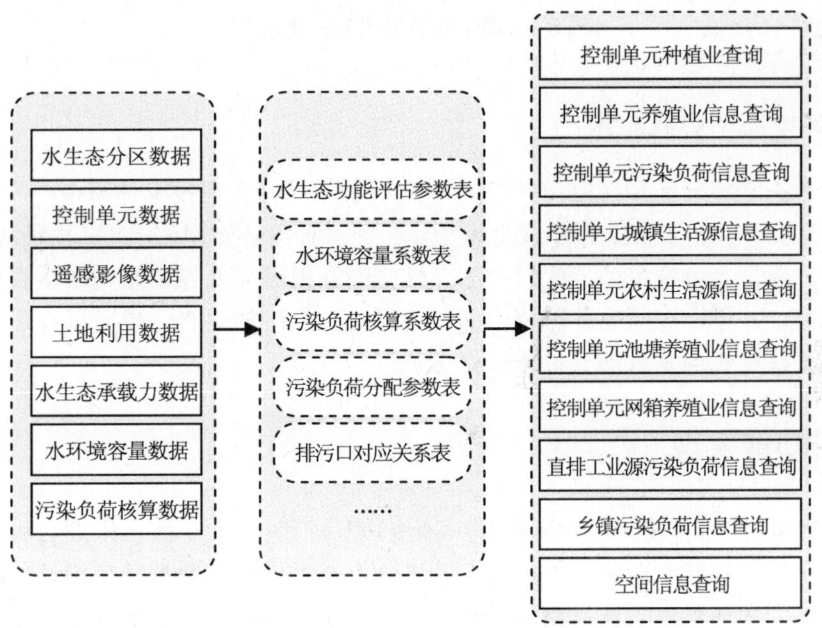

图 5-2 多元数据集成技术

5.3.2 基于组件的系统实现技术

以 COM 组件技术为依托，在 GIS 组件和模型组件基础上开发太湖流域水质目标管理系统（图 5-3）。

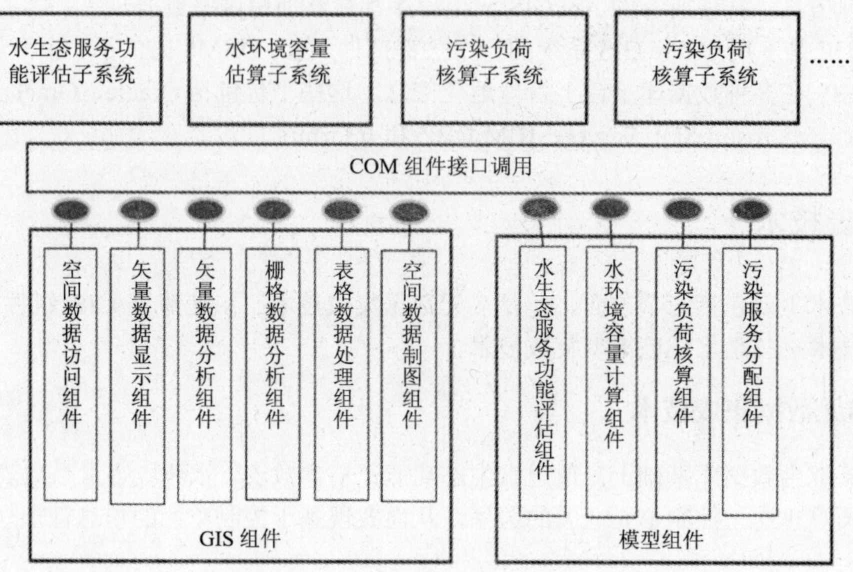

图 5-3 基于组件的系统实现技术

5.3.3 水环境模型集成技术

在基于生态功能分区和控制单元的太湖流域水质目标管理技术体系中，各种水环境模型发挥至关重要作用，如水生态承载力模型、水生态服务功能评估模型、水环境容量模型、污染负荷核算模型、污染负荷分配模型等，这些专业模型需要紧密地同水质目标管理的业务结合到一起，并可以按照业务需要，模型可以进行合理的组合，也可以在运行时进行调控，成为水质目标管理系统的有机组成部分。

5.4 系统功能实现

依据 TMDL 计划实施的技术流程和太湖流域基础数据，太湖流域水质目标管理系统按月最大污染负荷（TMDL）来集成实现，主要分为 8 个模块：数据管理模块、水生态服务功能评估模块、水环境容量计算模块、水生态承载力模块、污染负荷核算模块、污染负荷分配模块、查询统计分析模块和专题图模块。

流域综合数据库与水质目标管理系统主界面见图 5-4。

5.4.1 数据管理功能

数据管理功能主要包括数据导入功能、数据查询浏览功能、元数据信息管理以及数据备份等功能（图 5-5～图 5-11）。

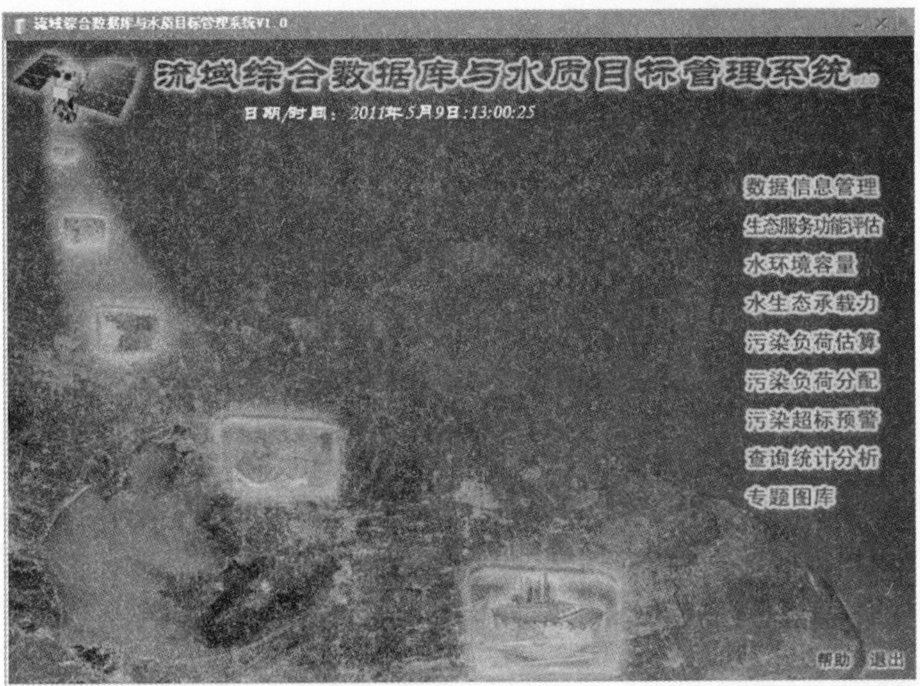

图 5-4 系统主界面

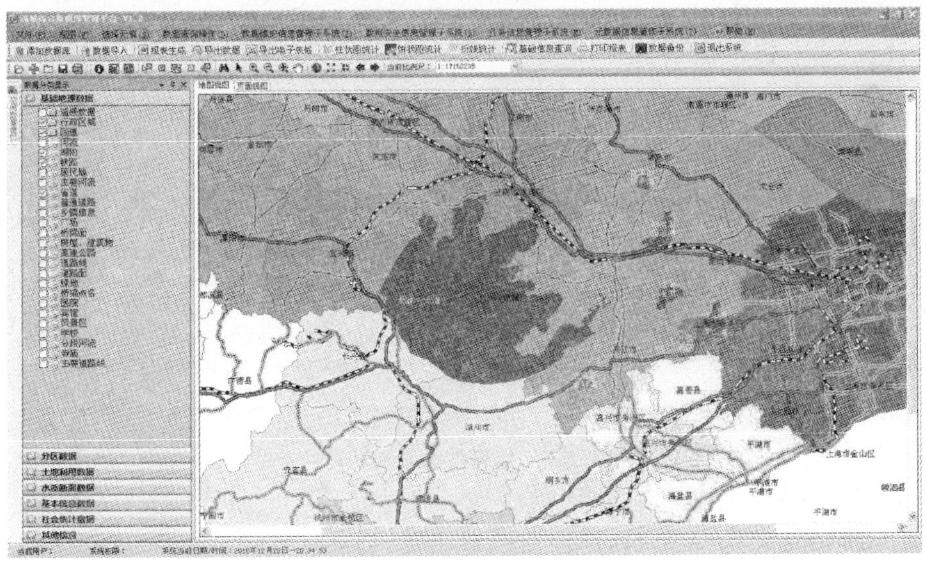

图 5-5 矢量数据显示

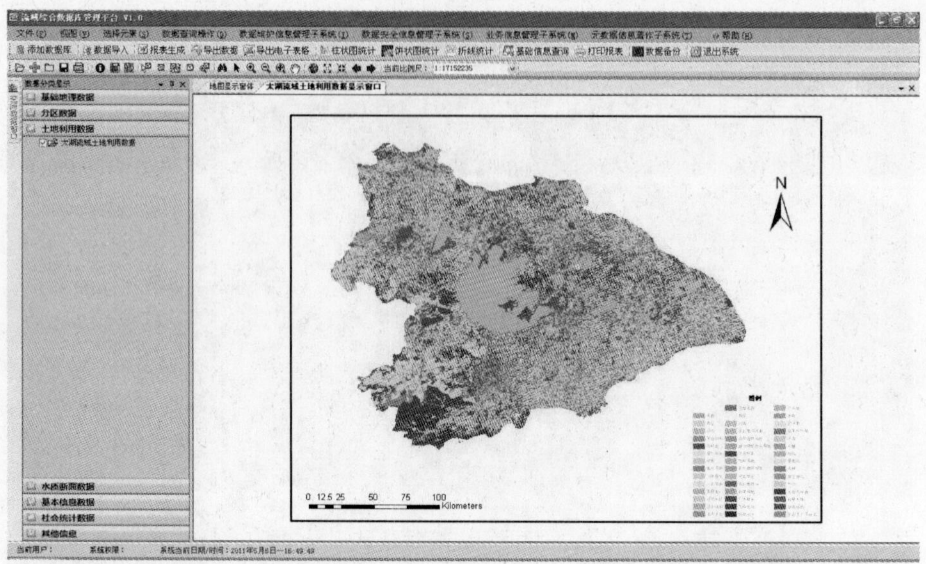

图 5-6 矢量数据显示功能

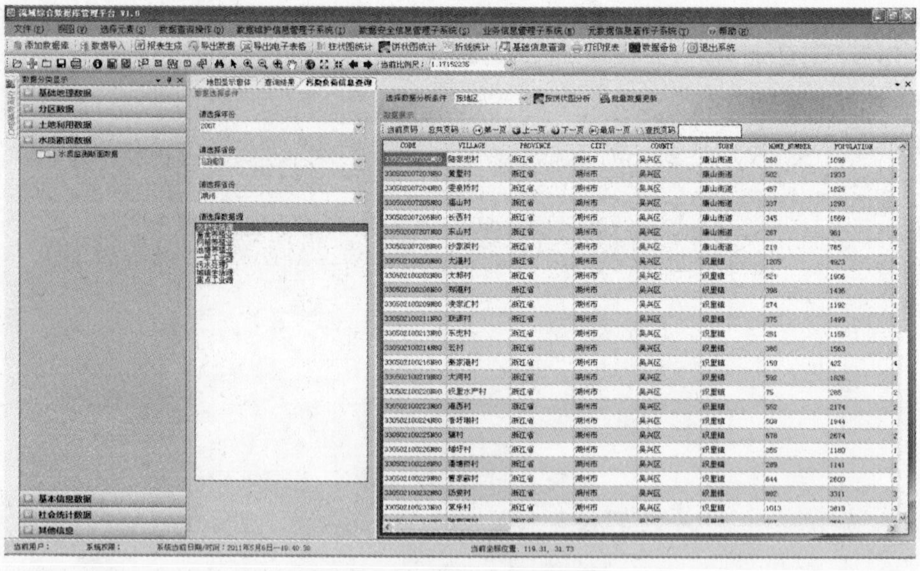

图 5-7 污普数据查询功能

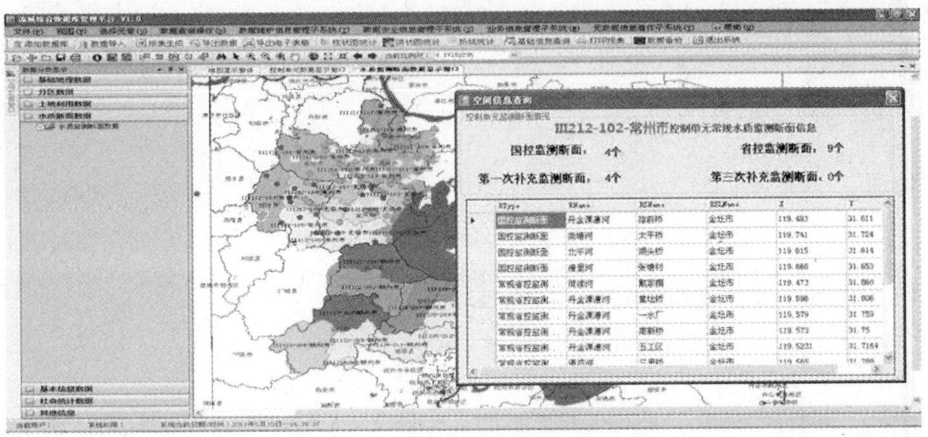

图 5-8 水质监测断面信息查询功能

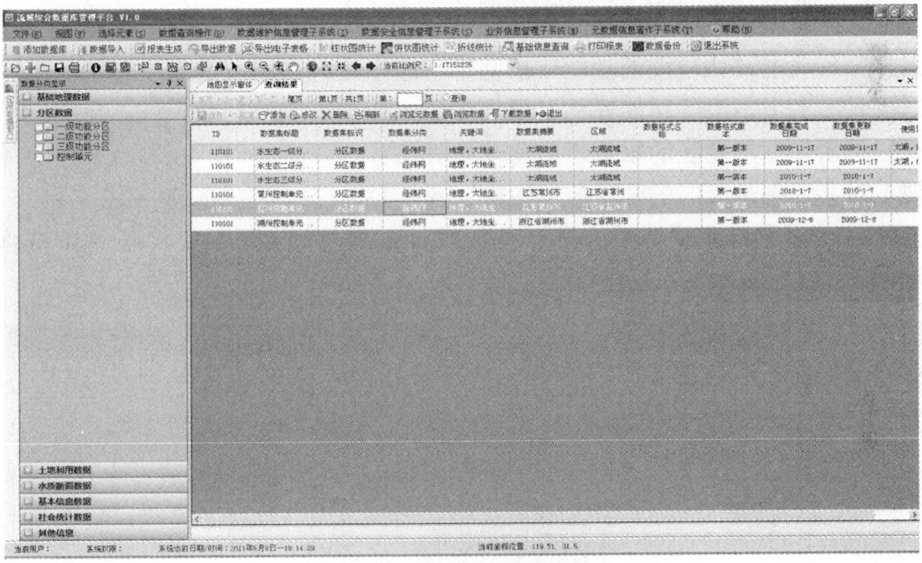

图 5-9 元数据信息查询功能

--数据导入--
选择元数据文件：
浏 览
检 查
源数据类型：
--请选择--
选择源数据文件：
浏 览
数据库表名：
导 入
取 消

图 5-10 数据导入功能

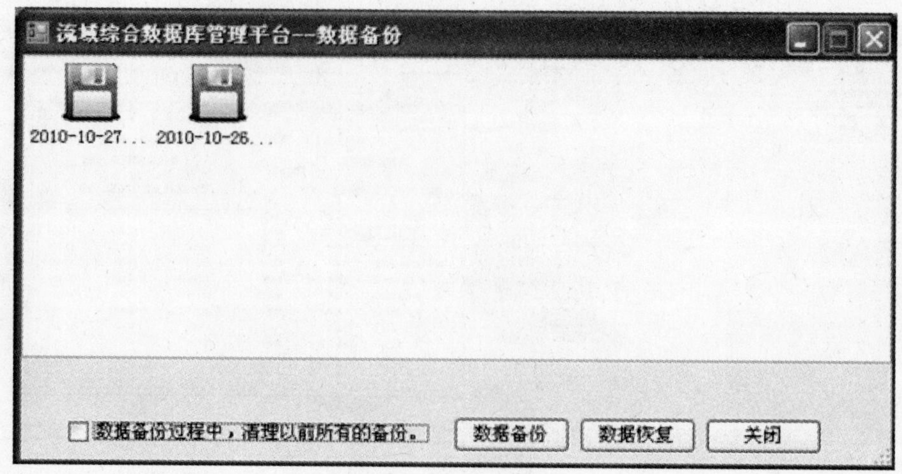

图 5-11 数据备份功能

5.4.2 水生态服务功能评估模型的功能

水生态服务功能评估模型的功能包括基于三级水生态功能区的水生态服务功能评估、基于控制单元的水生态服务功能评估、报表生成、数据导出等功能。

基于三级水生态功能区的水生态服务功能评估：

实现了对某生态功能区的陆地控制泥沙（图 5-13）、陆地控制总氮（图 5-14）、陆地控制总磷（图 5-15）、陆地水量调节（图 5-16）、陆地削减总氮（图 5-17）、陆地削减总磷（图 5-18）等功能（以三级水生态功能区 111 为例）。

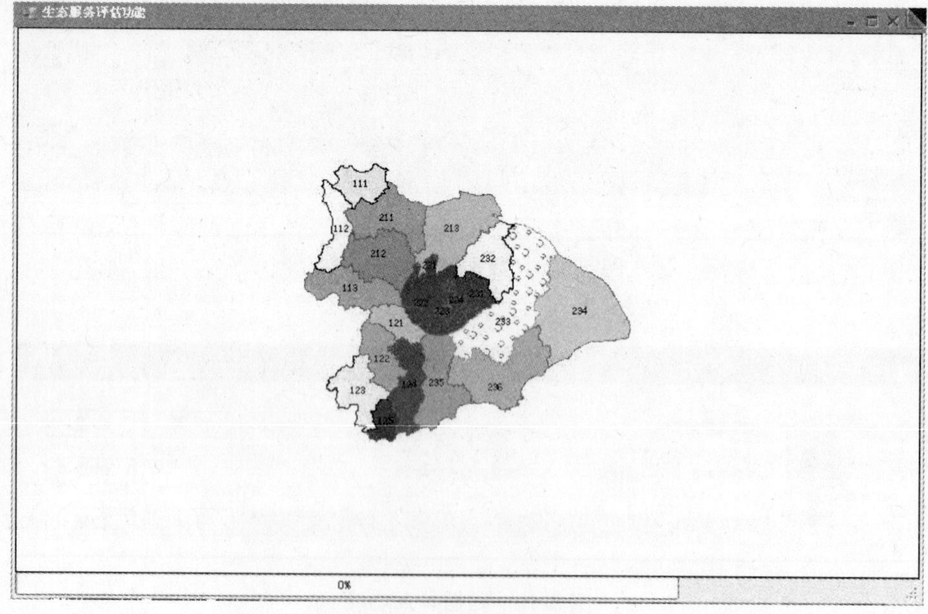

图 5-12 功能区选择

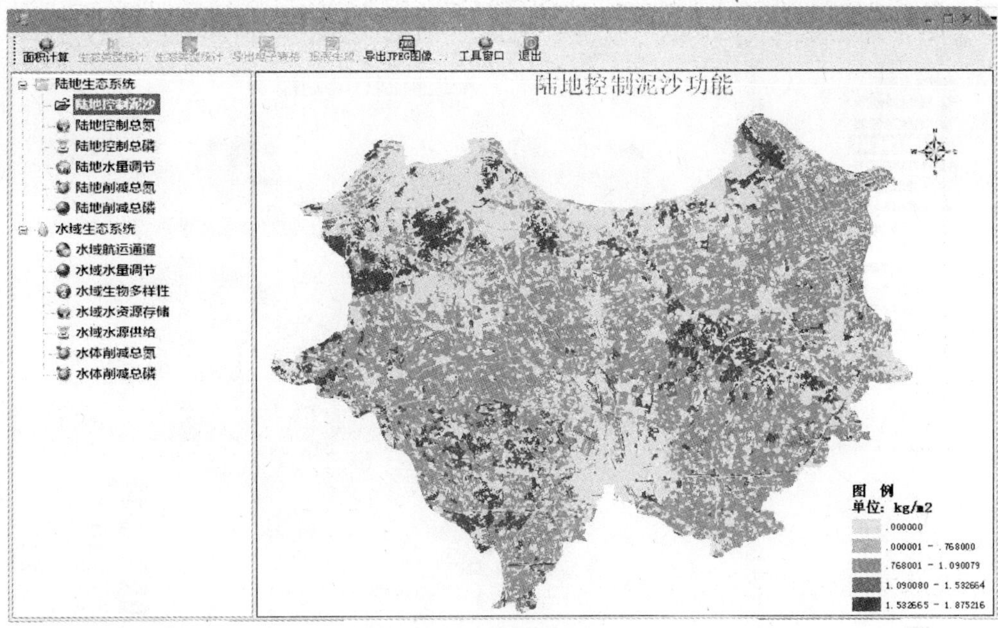

图 5-13　陆地控制泥沙

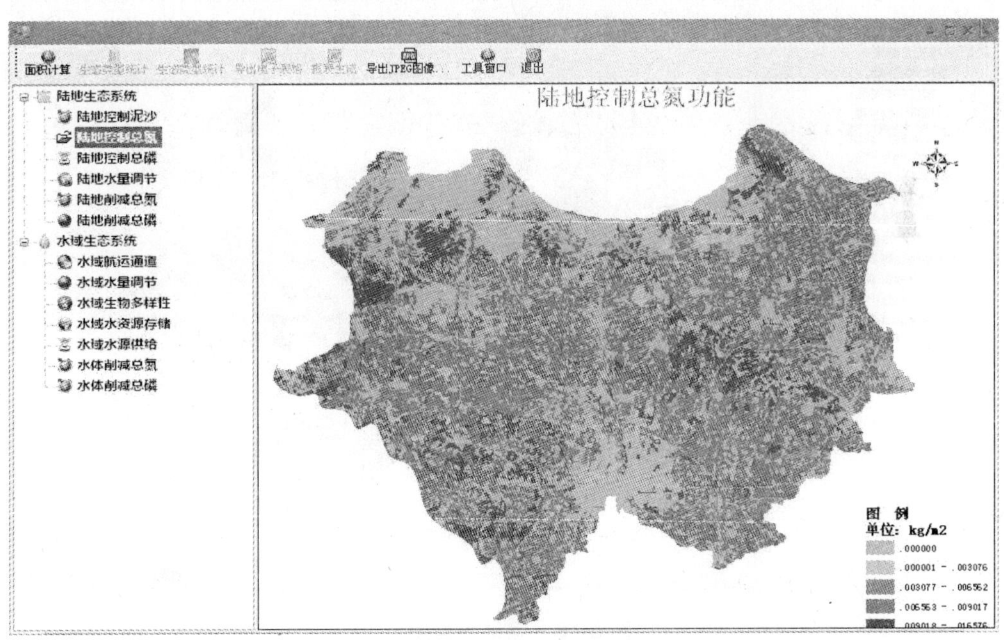

图 5-14　陆地控制总氮

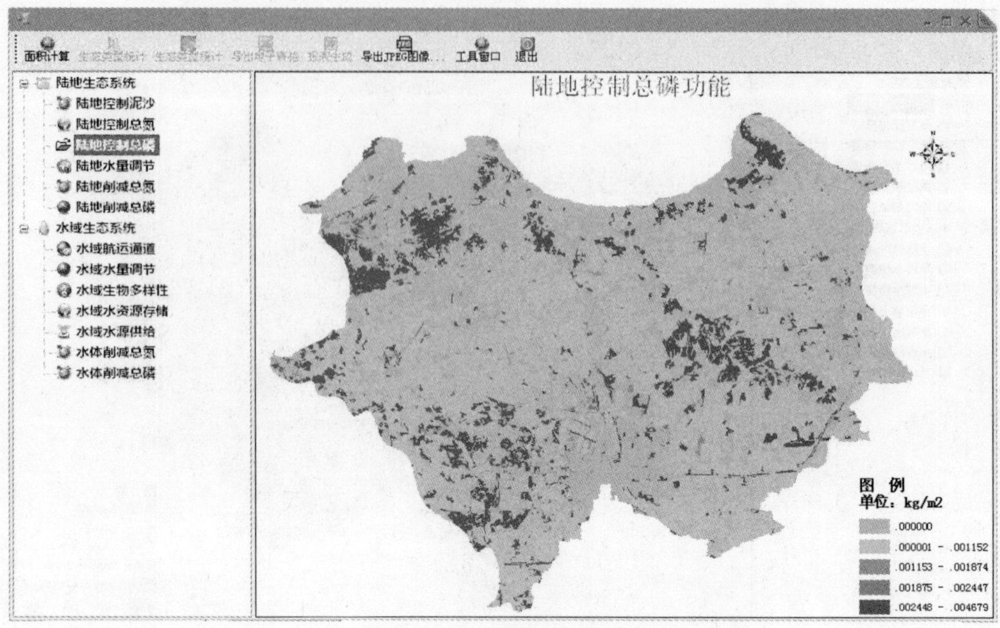

图 5-15 陆地控制总磷

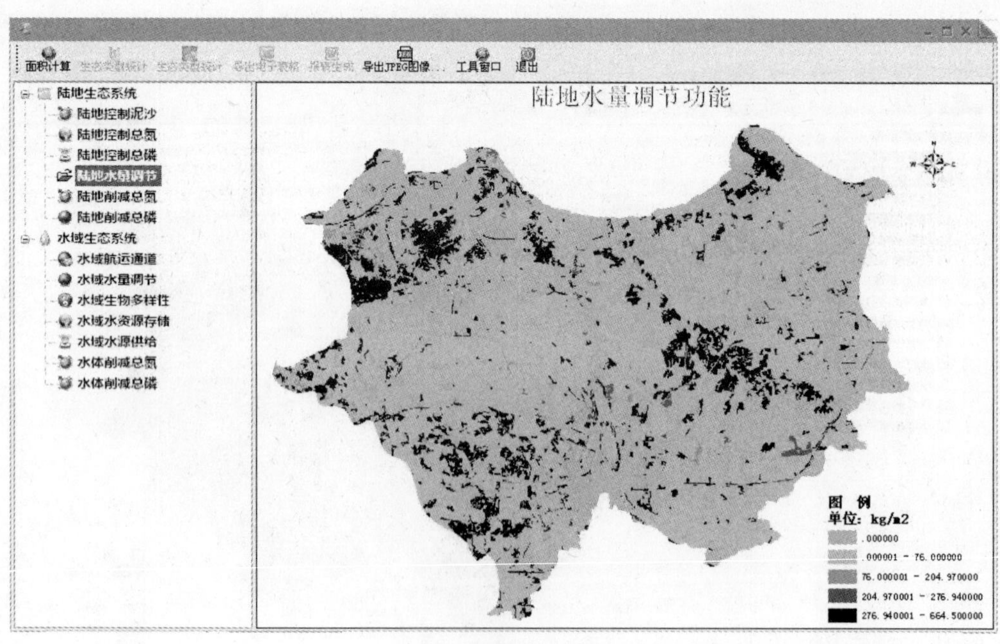

图 5-16 陆地水量调节

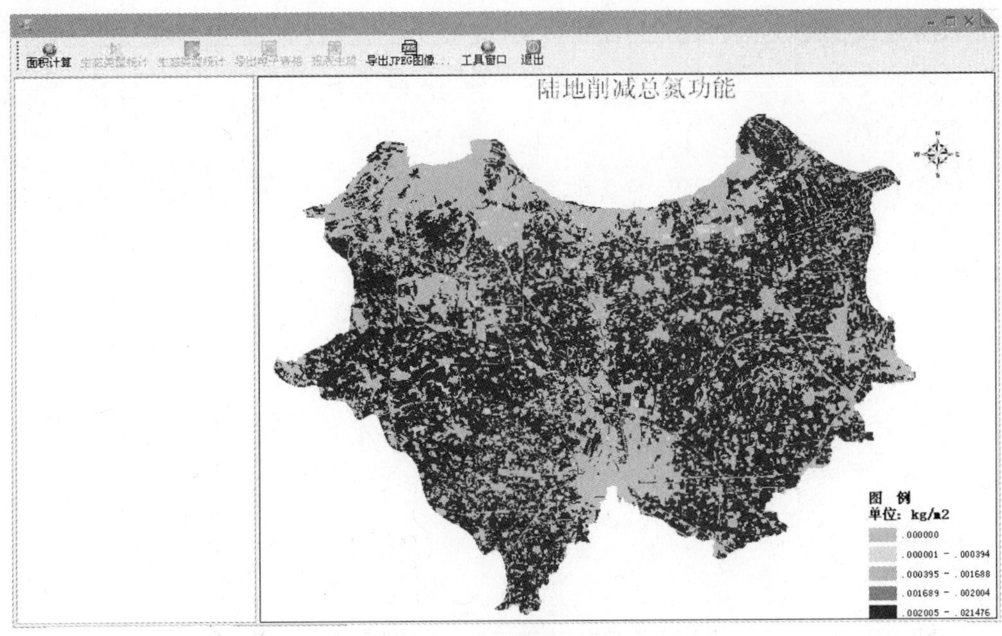

图 5-17　陆地削减总氮

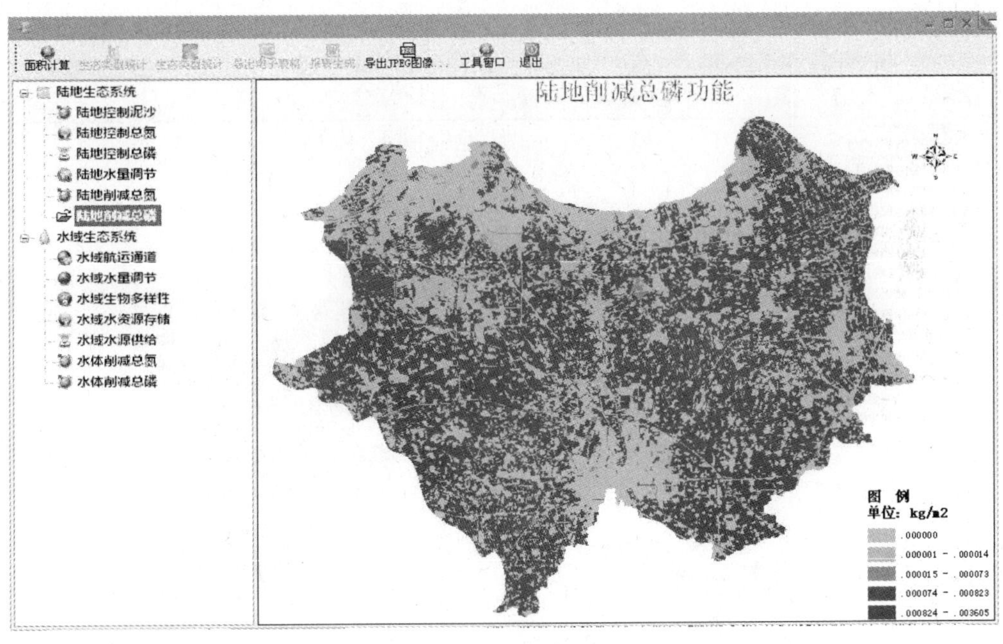

图 5-18　陆地削减总磷

基于控制单元的水生态服务功能评估，控制单元选择主界面（图 5-19）：

实现了对某控制单元的陆地控制泥沙（图 5-20）、陆地控制总氮（图 5-21）、陆地控制总磷（图 5-22）、陆地水量调节（图 5-23）、陆地削减总氮（图 5-24）、陆地削减总磷（图 5-25）等进行评估以及报表生成和数据导出功能（以控制单元 202 为例）（图 5-26～图 5-28）。

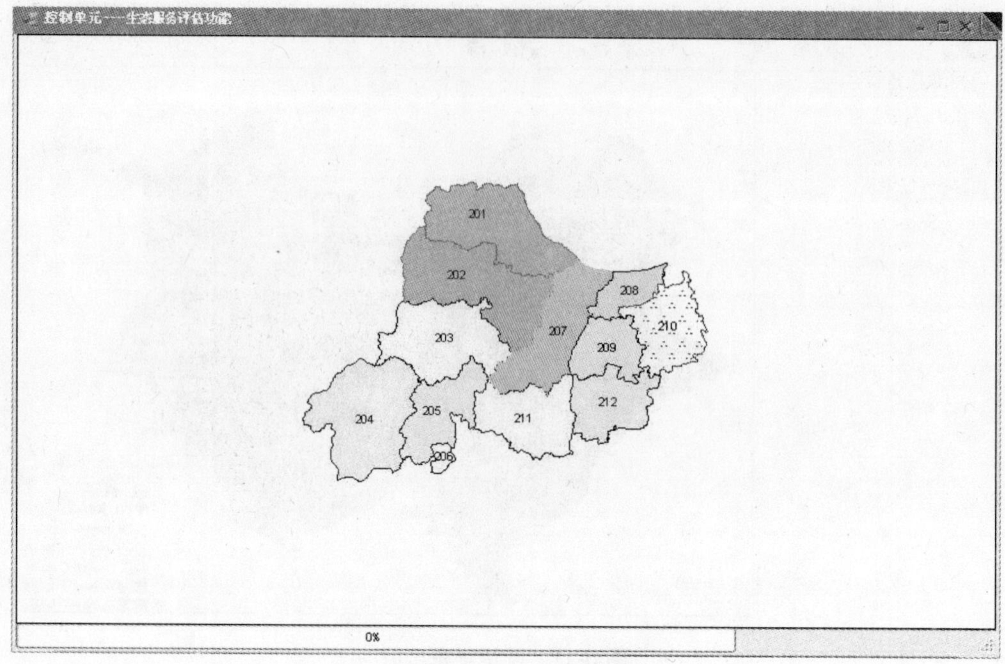

图 5-19　控制单元选择主界面

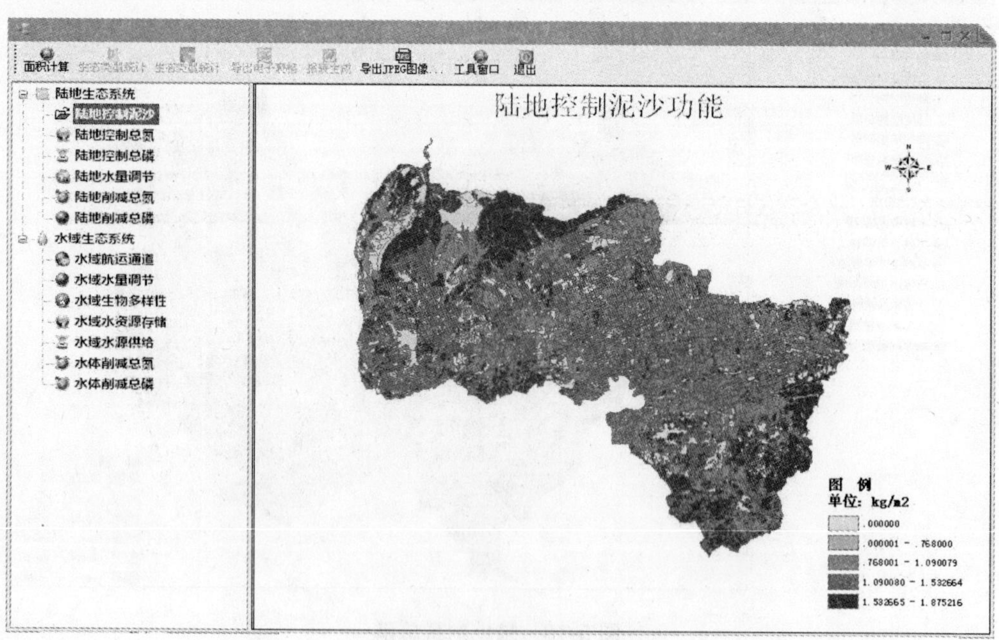

图 5-20　陆地控制泥沙

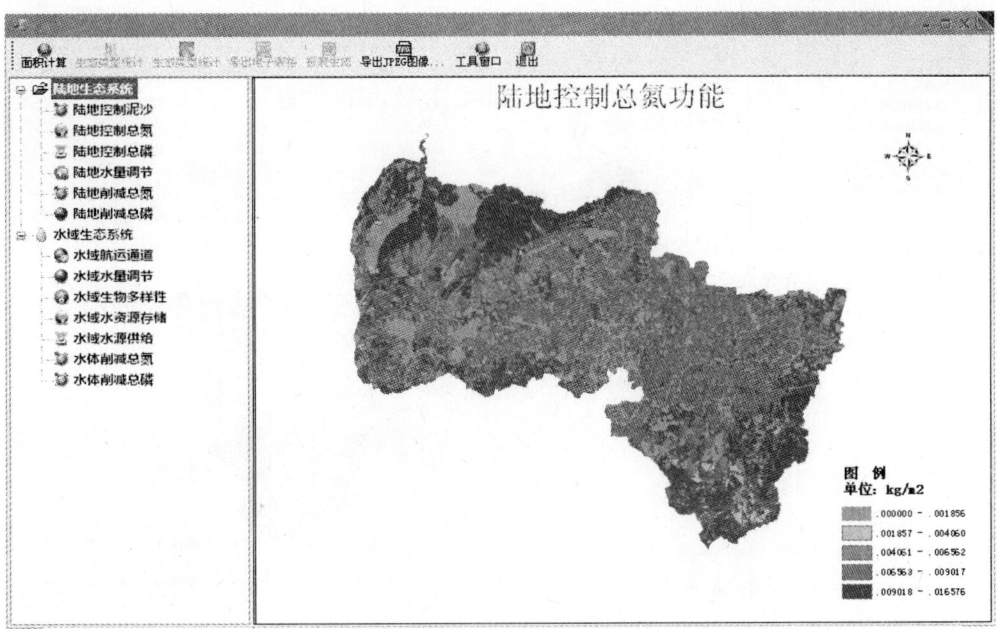

图 5-21 陆地控制总氮

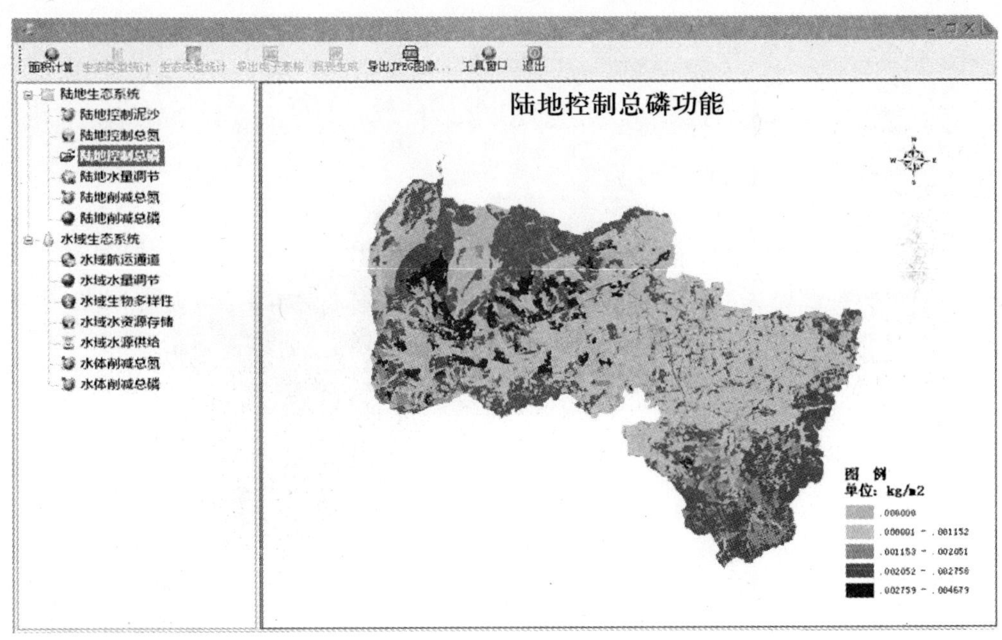

图 5-22 陆地控制总磷

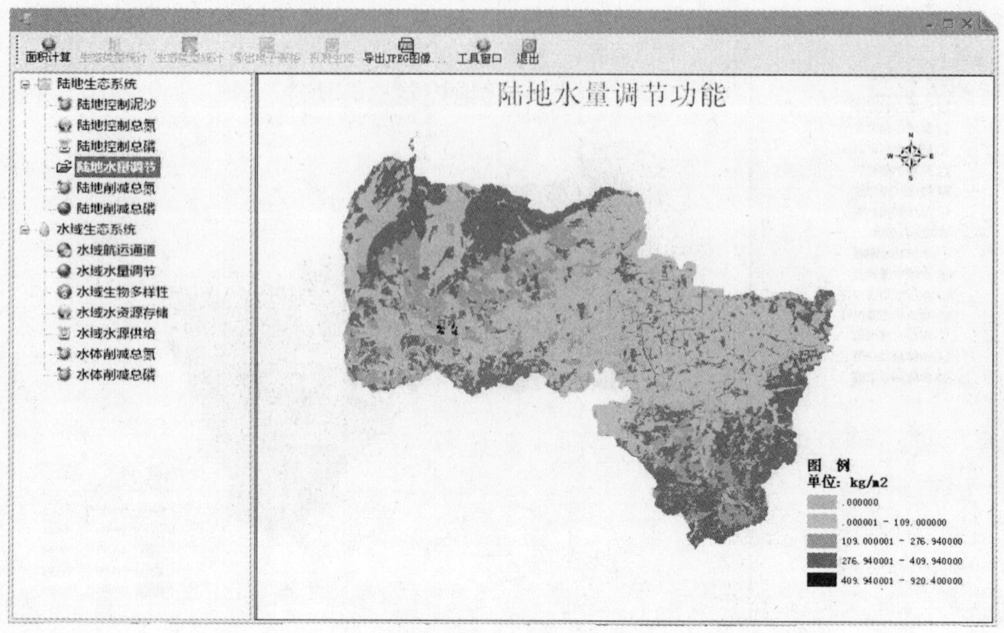

图 5-23　陆地水量调节

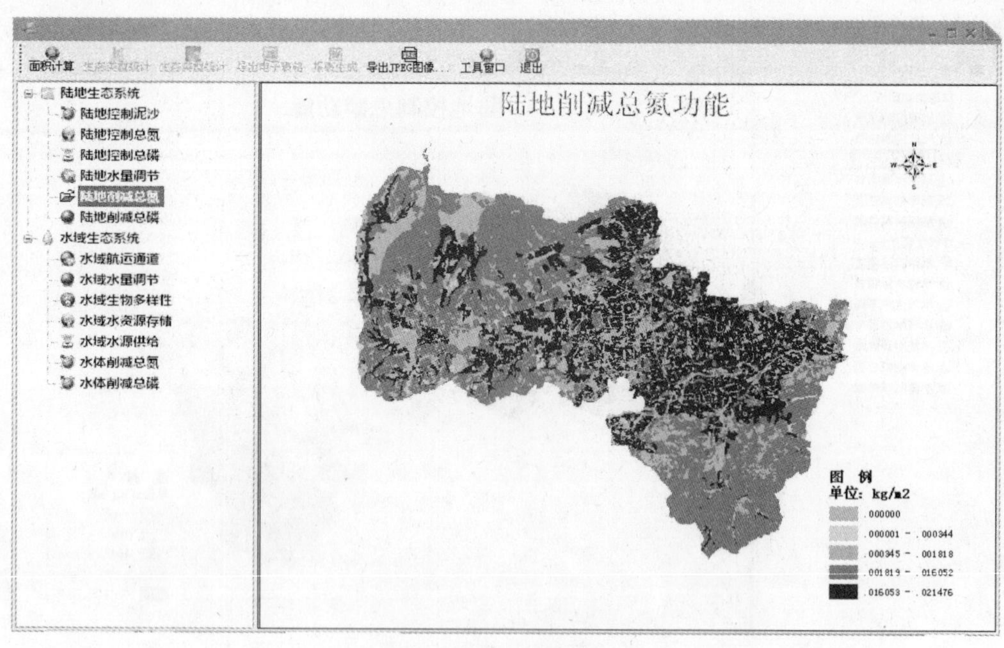

图 5-24　陆地削减总氮

图 5-25 陆地削减总磷

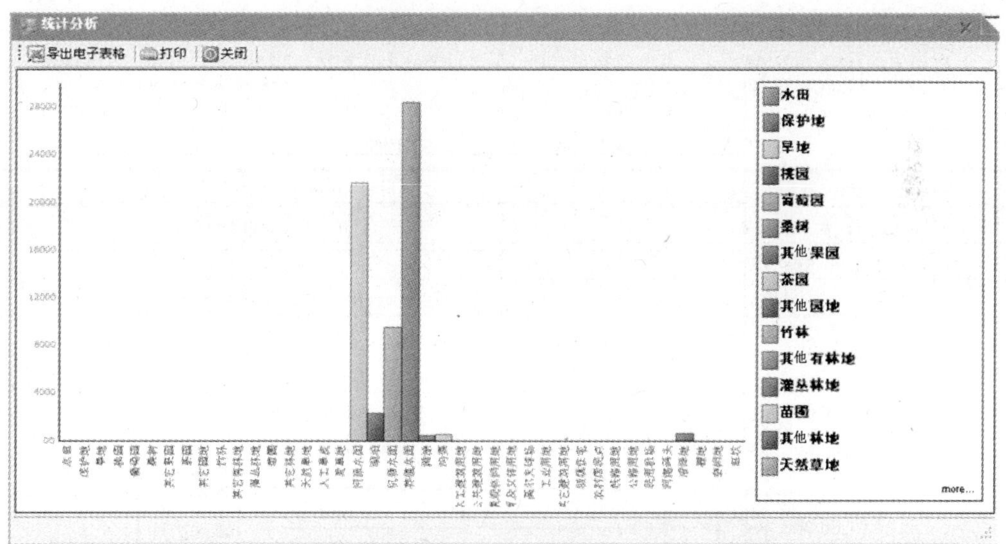

图 5-26 生态系统类型统计图

202 控制单元区域土地利用类型查询与统计报告

根据浙江省区域生态系统类型、组成及结构特征，采用生态系统服务功能评估技术手段，对其生态功能开展评估，主要结论如下：

（1）湖州市 202 控制单元，包括农田生态系统：121 449hm^2，森林生态系统：306 534hm^2，绿地生态系统：5 797hm^2，水体生态系统：64 147.82hm^2，湿地生态系统：1 709hm^2，旱地生态系统：12 986hm^2，城镇生态系统：76 176.23hm^2；

表 1　浙江省 202 控制单元区域生态系统组成

生态系统类型	生态系统面积/hm^2
农田生态系统	121 449
森林生态系统	306 534
绿地生态系统	5 797
水体生态系统	64 147.82
湿地生态系统	1 709
荒地生态系统	12 986
城镇生态系统	76 176.23

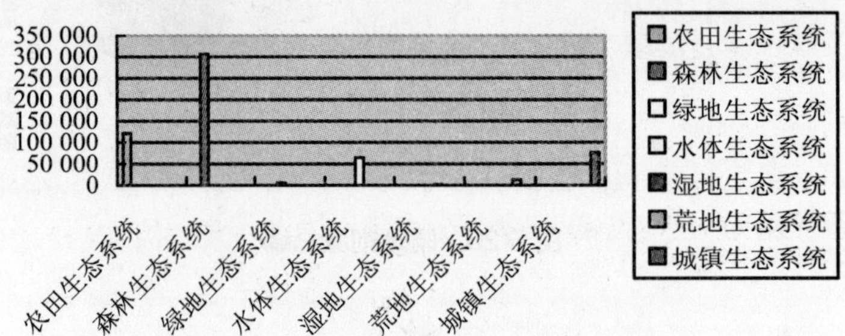

图 A　浙江省 202 控制单元区域生态系统对照图

图 5-27　报表生成功能（1）

（2）农田生态系统：121 449hm^2；其中包括，水田：112 110hm^2，保护地：2 156hm^2，旱地：7 183hm^2；

表 2　浙江省 202 控制单元区域农田生态系统组成

生态系统类型	生态系统面积/hm^2
水田	112 110
保护地	2 156
旱地	7 183

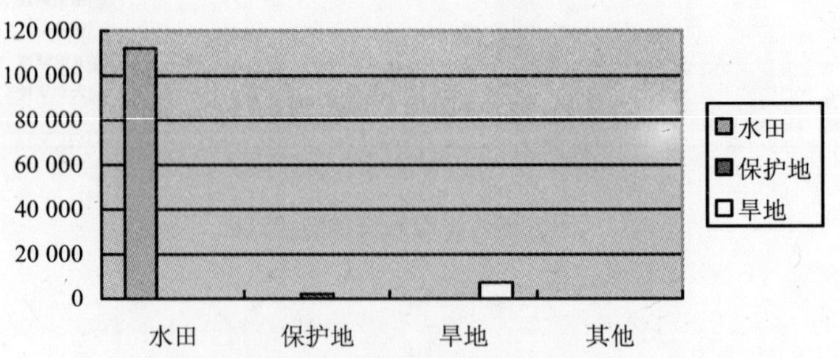

图 B　浙江省 202 控制单元区域农田生态系统对照图

（3）森林生态系统：306 534hm^2；其中包括，桃园：0hm^2；葡萄园：777hm^2；桑树：14 608hm^2；其他果园：130hm^2；茶园：6 836hm^2；其他园地：209hm^2；竹林：129 183hm^2；其他有林地：123 628hm^2；灌丛林地：4 119hm^2；苗圃：7 387hm^2；其他林地：19 657hm^2。

表 3　浙江省 202 控制单元区域森林生态系统组成

生态系统类型	生态系统面积/hm^2
桃园	0
葡萄园	777
桑树	14 608
其他果园	130

图 5-28　报表生成功能（2）

5.4.3　水环境容量计算功能

水环境容量计算功能模块主要包括基于水生态功能区的水环境容量计算、基于控制单元的水环境容量计算、参数修改、数据导出等功能。所涉及的参数主要包括河段流量系数、水质标准、现状水质系数、降解系数以及河流体积等参数，可以计算 COD、TP、TN、NH_3-N 的水环境容量。

水环境容量主界面见图 5-29。

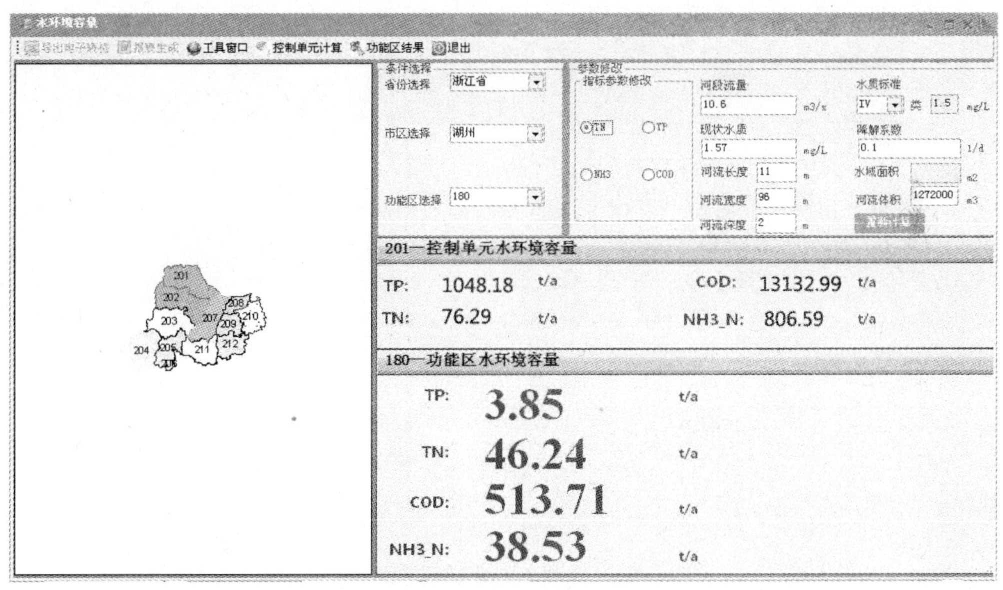

图 5-29　水环境容量主界面

基于水生态功能区的水环境容量计算功能：

根据系统提供的参数（河段流量系数、水质标准、现状水质系数、降解系数、河流体积等参数）通过相应的公式从而得到功能区的水环境容量（图 5-30）。

图 5-30 水生态功能区水环境容量计算

基于控制单元的水环境容量计算功能：

通过计算得到的水功能区的水环境容量，结合控制单元的面积，从而得到控制单元的水环境容量（图 5-31）。

浙江省示范区控制单元水环境容量信息

导出电子表格 退出

说明：双击可以查看详细信息！

控制单元号	TN水环境容量	TP水环境容量	COD水环境容量	NH3_N水环境容量
209	38.43	584.04	5718.54	384.28
203	79.59	1209.65	11844.02	795.9
205	50.45	766.7	7506.92	504.45
204	98.88	1502.77	14713.99	988.78
206	5.54	84.22	824.58	55.41
201	87.87	1335.43	13075.54	878.66
211	61.96	941.69	9220.34	619.59
212	48.5	737.17	7217.78	485.02
207	70.52	1071.84	10494.7	705.23
202	100.39	1525.73	14938.88	1003.87
210	53.11	807.16	7903.15	531.08
208	24.32	369.68	3619.6	243.23

图 5-31 控制单元水环境容量计算

5.4.4 水生态承载力功能

水生态承载力模块的功能包括水资源供需功能、污染物入河量功能以及相应的水生态承载力指数，通过调整人口增长速度、城镇化率年增长、城镇生活污水处理率年变化、农村生活污水处理率年变化和中水回用率年变化从而得到水资源供需的需水量和水资源可利用量以及污染物入河量。水生态承载力模块的主界面见图 5-32。

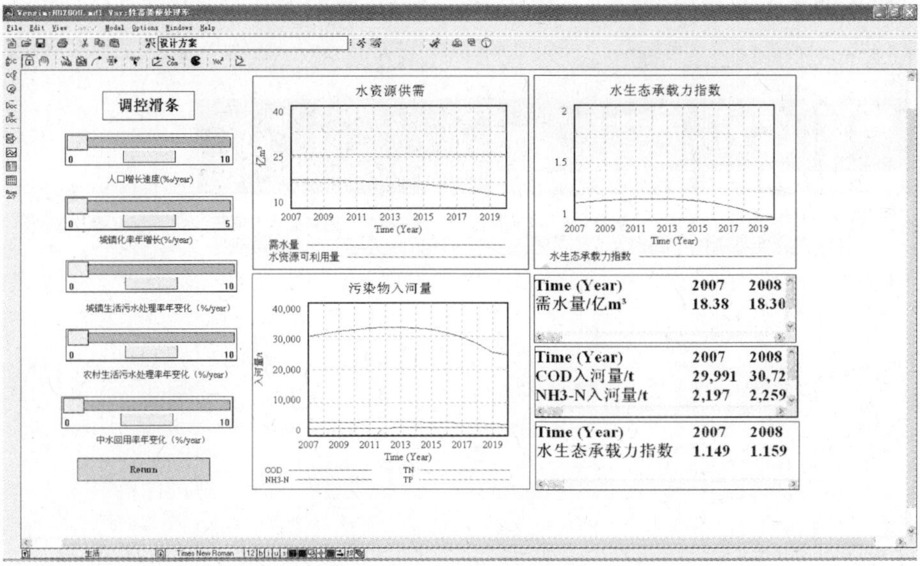

图 5-32 水生态承载力主界面

5.4.5 污染负荷估算功能

污染负荷估算模块的主要功能包括产污功能、排污功能、入河功能以及数据导出功能。输入数据包括点源数据（一般工业源、重点工业源和污水处理厂）和面源数据（畜禽养殖、网箱养殖、池塘养殖、城镇生活、农村生活、种植业），输出的数据包括污染物的产生量、排放量和入河量。

5.4.5.1 产污功能

通过输入的数据和相应的产污系数从而得到污染物的产生量（图 5-33）。

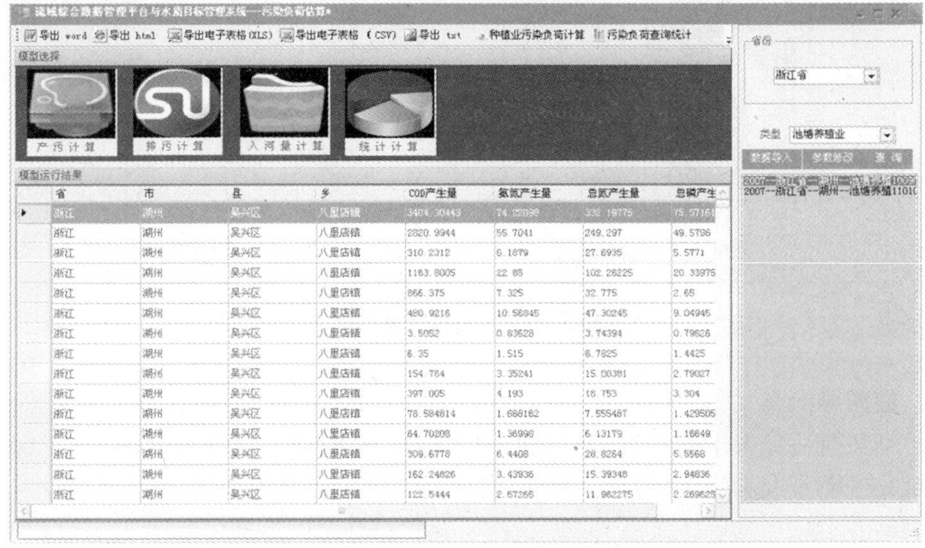

图 5-33 产污量计算功能

5.4.5.2　排污功能

通过输入的数据和相应的排放系数从而得到污染物的排放量（图 5-34）。

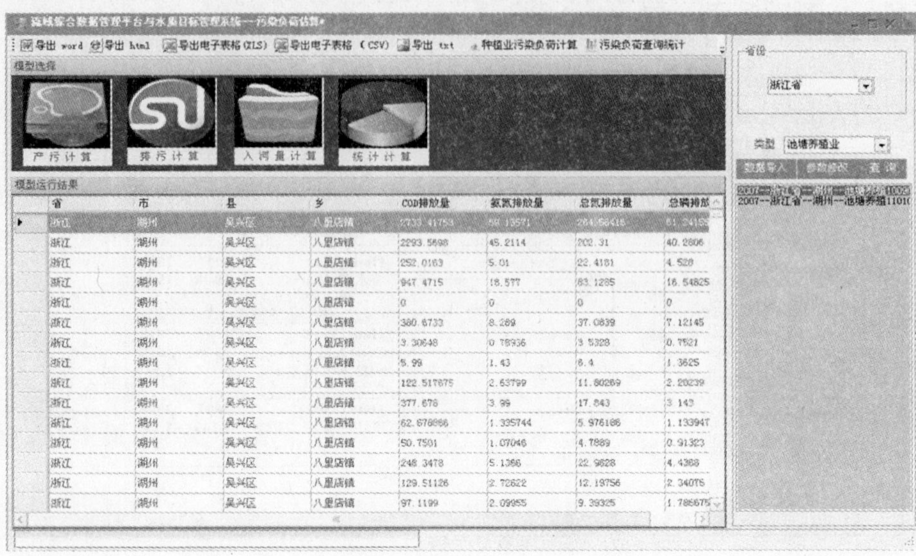

图 5-34　排污量计算功能

5.4.5.3　入河功能

通过输入的数据和相应的入河系数从而得到污染物的入河量（图 5-35）。

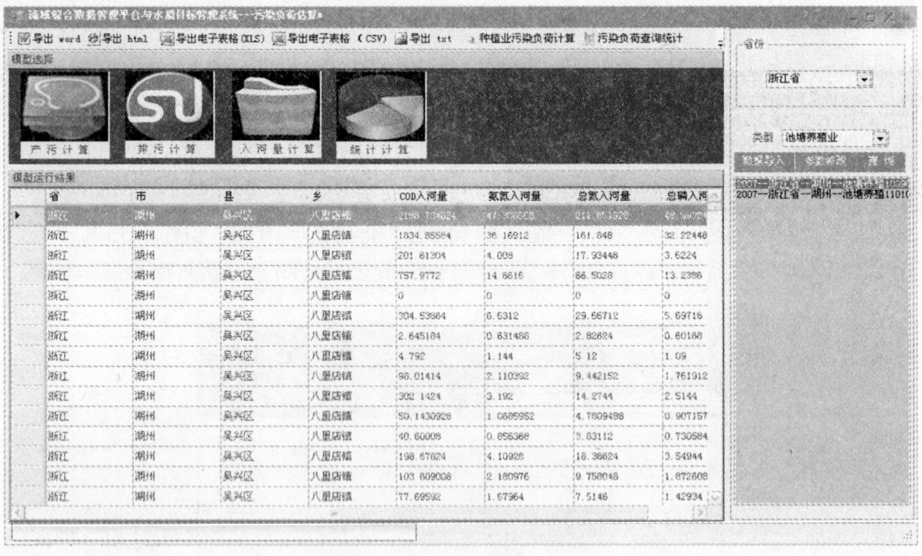

图 5-35　入河量计算功能

5.4.5.4　数据导出

将污染负荷估算得出的结果进行数据的导出，导出的格式包括.xls、.cvs、.txt、.html 等（图 5-36～图 5-38）。

20070101 池塘养殖 1008310343

省	市	县	乡	COD 产生量	氨氮产生量	总氮产生量	总磷产生量
江苏省	常州市	新北区	春江镇	134.493 2	2.953 6	13.218 7	2.890 1
江苏省	常州市	新北区	春江镇	158.216 4	3.450 48	15.442 32	3.395 28
江苏省	常州市	新北区	春江镇	150.946 24	3.307 92	14.804 32	3.269 76
江苏省	常州市	新北区	春江镇	333.841 6	7.335 6	32.833	6.214 2
江苏省	常州市	新北区	春江镇	118.223 994	2.678 704	11.989 82	2.246 828
江苏省	常州市	新北区	春江镇	151.262 91	3.250 26	14.547 33	2.773 71
江苏省	常州市	新北区	春江镇	280.116 5	6.019	26.939 5	5.136 5
江苏省	常州市	新北区	春江镇	378.131	8.283	37.073 3	7.023 9
江苏省	常州市	新北区	春江镇	2.349 11	0.028 845	0.129 03	0.028 115
江苏省	常州市	新北区	春江镇	0	0	0	0
江苏省	常州市	新北区	春江镇	399.093 2	8.229	36.826 5	7.299
江苏省	常州市	新北区	春江镇	0	0	0	0
江苏省	常州市	新北区	春江镇	82.205 65	1.900 025	8.503 3	1.829 05
江苏省	常州市	新北区	春江镇	0	0	0	0
江苏省	常州市	新北区	春江镇	73.449 95	1.690 63	7.565 87	1.454 08
江苏省	常州市	新北区	春江镇	101.954 7	2.303 73	10.309 42	1.961 08
江苏省	常州市	新北区	春江镇	189.802 25	4.415 65	19.760 55	3.650 5
江苏省	常州市	新北区	春江镇	33.046 57	0.761 74	3.409	0.634 31
江苏省	常州市	新北区	春江镇	181.639 87	3.922 15	17.552 56	3.415 59

注：此表为计算机页面图中的部分。
数据来源：20070101 池塘养殖 1008310343。

图 5-36 doc 数据导出

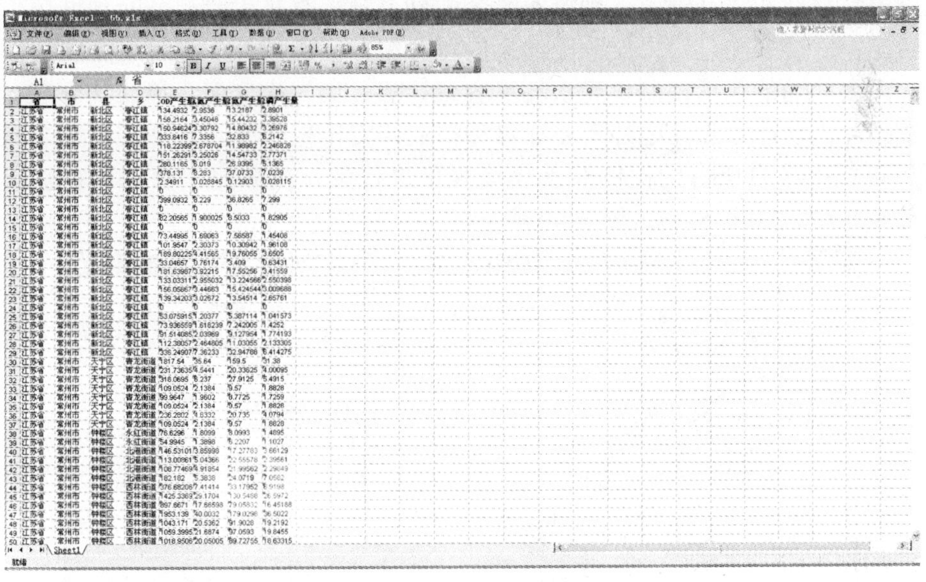

图 5-37 xls 数据导出

```
11111111.txt - 记事本
文件(F) 编辑(E) 格式(O) 查看(V) 帮助(H)
省,市,县,乡,COD产生量,氨氮产生量,总氮产生量,总磷产生量
江苏省 常州市 新北区 春江镇 134.4932 2.9536 13.2187 2.8901
江苏省 常州市 新北区 春江镇 158.2164 3.45048 15.44232 3.39528
江苏省 常州市 新北区 春江镇 150.94624 3.30792 14.80432 3.26976
江苏省 常州市 新北区 春江镇 333.8416 7.3356 32.833 6.2142
江苏省 常州市 新北区 春江镇 118.223994 2.678704 11.98982 2.246828
江苏省 常州市 新北区 春江镇 151.26291 3.25026 14.54733 2.77371
江苏省 常州市 新北区 春江镇 280.1165 6.019 26.9395 5.1365
江苏省 常州市 新北区 春江镇 378.131 8.283 37.0733 7.0239
江苏省 常州市 新北区 春江镇 2.34911 0.028845 0.12903 0.028115
江苏省 常州市 新北区 春江镇 0 0 0 0
江苏省 常州市 新北区 春江镇 399.0932 8.229 36.8265 7.299
江苏省 常州市 新北区 春江镇 0 0 0 0
江苏省 常州市 新北区 春江镇 82.20565 1.900025 8.5033 1.82905
江苏省 常州市 新北区 春江镇 0 0 0 0
江苏省 常州市 新北区 春江镇 73.44995 1.69063 7.56587 1.45408
江苏省 常州市 新北区 春江镇 101.9547 2.30373 10.30942 1.96108
江苏省 常州市 新北区 春江镇 189.80225 4.41565 19.76055 3.6505
江苏省 常州市 新北区 春江镇 33.04657 0.76174 3.409 0.63431
江苏省 常州市 新北区 春江镇 181.63987 3.92215 17.55256 3.41559
江苏省 常州市 新北区 春江镇 133.033114 2.955032 13.224566 2.550398
江苏省 常州市 新北区 春江镇 156.05867 3.44663 15.424544 3.009688
江苏省 常州市 新北区 春江镇 139.34203 3.02672 13.54514 2.65761
江苏省 常州市 新北区 春江镇 0 0 0 0
江苏省 常州市 新北区 春江镇 53.075915 1.20377 5.387114 1.041573
江苏省 常州市 新北区 春江镇 73.936559 1.618239 7.242005 1.4252
江苏省 常州市 新北区 春江镇 91.514085 2.03969 9.127954 1.774193
江苏省 常州市 新北区 春江镇 112.38057 2.464805 11.03055 2.133305
江苏省 常州市 新北区 春江镇 336.249075 7.36233 32.94788 6.414275
江苏省 常州市 天宁区 青龙街道 1817.54 35.64 159.5 31.38
江苏省 常州市 天宁区 青龙街道 231.73635 4.5441 20.33625 4.00095
江苏省 常州市 天宁区 青龙街道 318.0695 6.237 27.9125 5.4915
江苏省 常州市 天宁区 青龙街道 109.0524 2.1384 9.57 1.8828
江苏省 常州市 天宁区 青龙街道 99.9647 1.9602 8.7725 1.7259
江苏省 常州市 天宁区 青龙街道 109.0524 2.1384 9.57 1.8828
江苏省 常州市 天宁区 青龙街道 236.2802 4.6332 20.735 4.0794
江苏省 常州市 天宁区 青龙街道 109.0524 2.1384 9.57 1.8828
江苏省 常州市 钟楼区 永红街道 76.6296 1.8099 8.0993 1.4895
```

图 5-38 txt 数据导出

5.4.6 污染负荷分配功能

污染负荷分配模型设计了三层的分配方式，一层分配主要是对点源（直排工业源）和面源（养殖业源、种植业源、直排生活源）的分配；二层分配，对于点源主要是分配到由排污口和没有排污口的企业，对于面源二层分配是对一层分配进行再分配，养殖业源分配到畜禽养殖和水产养殖；种植业源分配到乡镇；直排生活源分配到城镇生活源和农村生活源；三层分配是对二层分配结果的再分配，点源是分配到各个企业，面源分配到乡镇。主要的功能包括控制单元水环境容量计算、第一次分配、第二次分配、第三次分配和数据导出功能。除此之外还要计算种植业，直排生活源，直排工业源等的分配比例，然后再根据各自所占的比例对水环境容量进行第一次分配。水环境容量计算，第一次分配结果分别如图 5-39、图 5-40 所示。

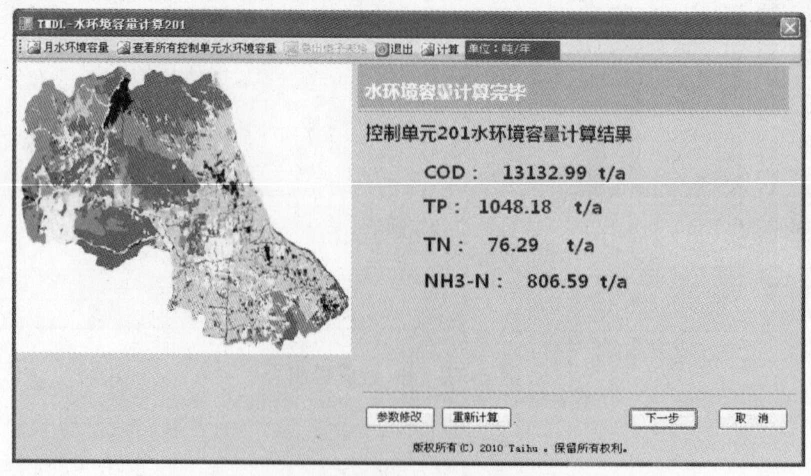

图 5-39 水环境容量计算结果

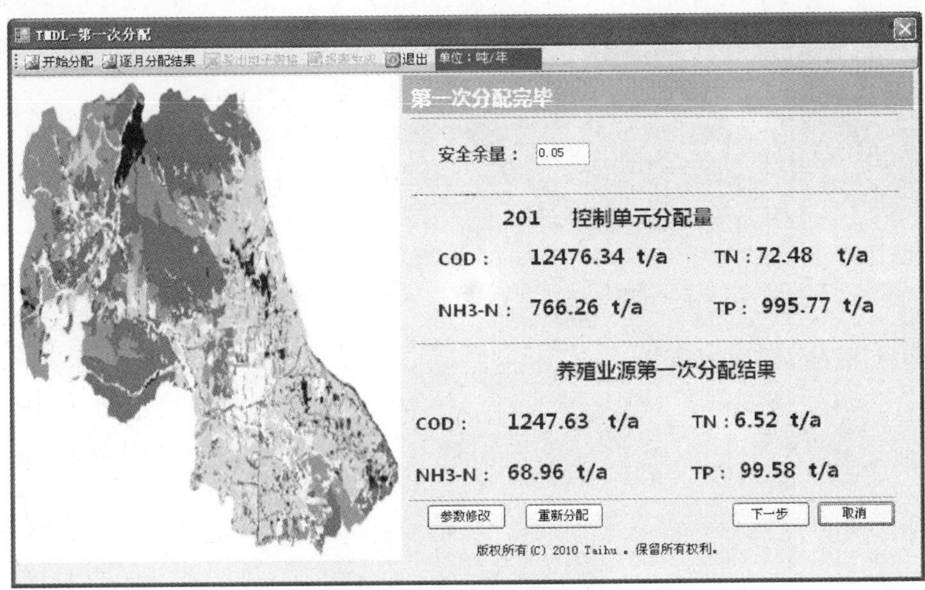

图 5-40 第一次分配结果

水环境容量的第二次分配与第一次分配不同，第二次分配针对面源与点源的不同情况，需要分开处理。第二次分配、第三次分配结果示例如图 5-41、图 5-42 所示。

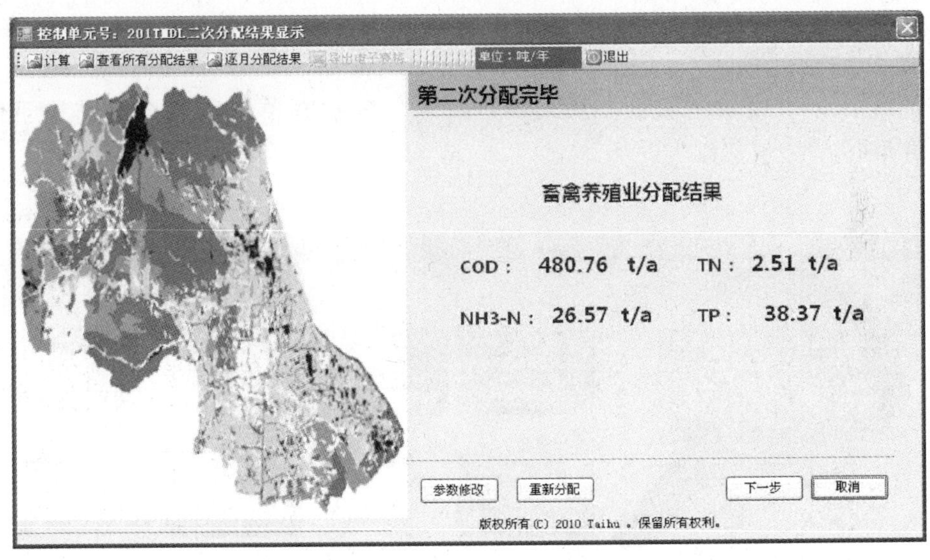

图 5-41 畜禽养殖分配结果

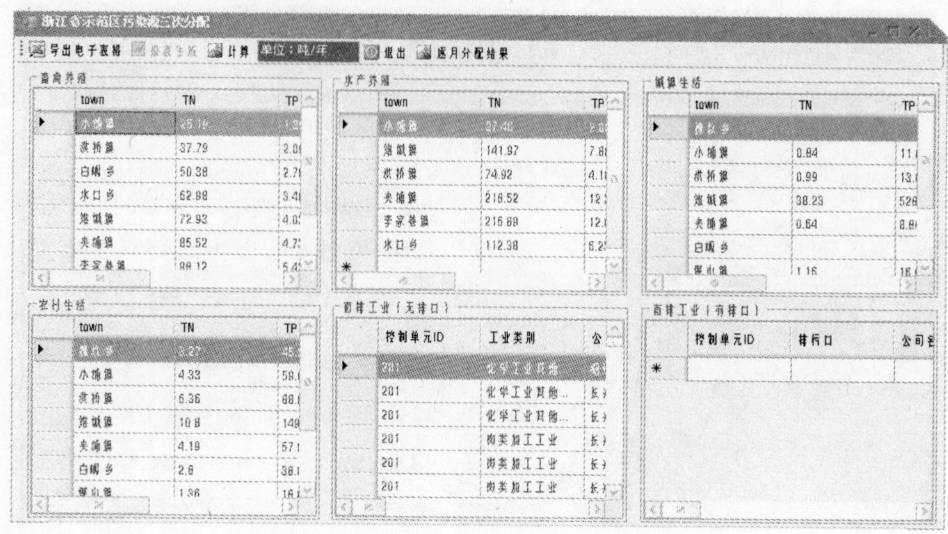

图 5-42 第三次分配结果

5.4.7 查询统计分析功能

查询统计分析模块主要功能包括工业点源信息查询、养殖业污染负荷信息查询、直排工业源污染负荷信息查询、控制单元污染负荷信息查询、种植业污染负荷信息查询、直排工业源污染负荷信息查询、乡镇污染负荷信息查询、工业点源定位功能以及数据导出功能。

查询统计分析模块主页面如图 5-43 所示，各控制单元信息查询结果示例见图 5-44～图 5-49。

图 5-43 查询主界面

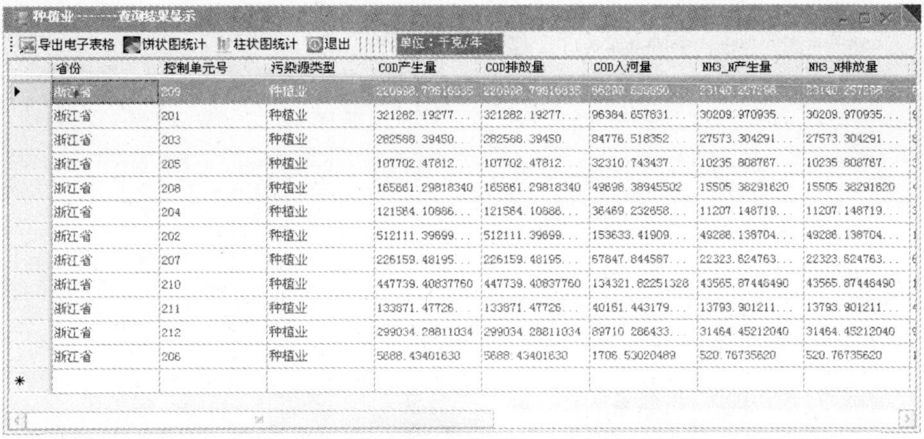

种植业--------查询结果显示

导出电子表格 饼状图统计 柱状图统计 退出 单位：千克/年

省份	控制单元号	污染源类型	COD产生量	COD排放量	COD入河量	NH3_N产生量	NH3_N排放量
浙江省	209	种植业	220998.79616635	220998.79616635	66299.638850...	23140.257298	23140.257298
浙江省	201	种植业	321282.19277...	321282.19277...	96384.657831...	30209.970935...	30209.970935...
浙江省	203	种植业	282588.39450...	282588.39450...	84776.518352...	27573.304291...	27573.304291...
浙江省	205	种植业	107702.47812...	107702.47812...	32310.743437...	10235.808767...	10235.808767...
浙江省	208	种植业	165661.29818340	165661.29818340	49698.38945502	15505.38291620	15505.38291620
浙江省	204	种植业	121564.10886...	121564.10886...	36469.232658...	11207.148719...	11207.148719...
浙江省	202	种植业	512111.39699...	512111.39699...	153633.41909...	49288.138704...	49288.138704...
浙江省	207	种植业	226159.48195...	226159.48195...	67847.844587...	22323.624763...	22323.624763...
浙江省	210	种植业	447739.40837760	447739.40837760	134321.82251328	43565.87446490	43565.87446490
浙江省	211	种植业	133871.47726...	133871.47726...	40161.443179...	13793.901211...	13793.901211...
浙江省	212	种植业	299034.28811034	299034.28811034	89710.286433...	31464.45212040	31464.45212040
浙江省	206	种植业	5688.43401630	5688.43401630	1706.53020489	520.76735620	520.76735620

图 5-44　种植业污染负荷信息查询结果

养殖业--------查询结果显示

导出电子表格 饼状图统计 柱状图统计 退出 单位：吨/年

控制单元号	污染源类型	COD入河量	COD产生量	COD排放量	NH3_N入河量	NH3_N产生量	NH3_N排放量
203	养殖业	40.29	1781.60	122.47	0.91	17.68	1.50
211	养殖业	178.02	5600.05	677.27	4.84	60.98	13.72
209	养殖业	892.82	17375.90	3744.20	19.94	169.85	29.15
210	养殖业	470.35	4168.70	1255.80	9.11	49.75	18.58
208	养殖业	64.20	570.37	121.11	1.42	7.33	2.88
202	养殖业	227.55	3456.18	555.56	5.50	39.73	12.70
207	养殖业	249.64	13444.21	1071.41	6.84	116.91	11.51
212	养殖业	1987.76	14988.21	3202.15	48.77	182.64	77.17
201	养殖业	141.56	2230.26	409.41	3.21	23.59	5.59
205	养殖业	5.94	2663.09	137.82	0.06	11.10	0.43
206	养殖业	0.07	23.85	13.56	0	0.19	0.01
204	养殖业	10.87	1079.57	194.15	0.10	5.32	0.44

图 5-45　养殖业信息查询结果

直排工业源--------查询结果显示

导出电子表格 饼状图统计 柱状图统计 退出 单位：吨/年

控制单元号	污染源类型	类别	COD入河量	COD产生量	COD排放量	NH3_N入河量	NH3_N产生量
209	直排工业源	其他	233060.81	946283	233060.81	1433	2605
209	直排工业源	化学工业其他...	58944	482642	58944	4191.58	8086
203	直排工业源	其他	251371	1974582	251371	6970	9650
212	直排工业源	化学工业其他...	214960	3789008	214960	24342	260246
210	直排工业源	化学工业其他...	19225	19235	19225	32.50	32.50
203	直排工业源	化学工业其他...	89975	209315	89975	62688	220694
203	直排工业源	钢铁工业	110	800	110	0	0
211	直排工业源	电镀工业	20950	70660	20950	0	0
207	直排工业源	其他	86461	2076921	86461	170	21818.10
207	直排工业源	化学合成类制...	0	847500	0	0	909
201	直排工业源	电镀工业	0.20	0.70	0.20	0	0
203	直排工业源	电镀工业	220	560	220	0	0
212	直排工业源	电镀工业	8345	29350	8345	0	0
212	直排工业源	啤酒工业	68990	1443180	68990	11420	82380

图 5-46　直排

乡镇信息查询——查询结果显示

导出电子表格 饼状图统计 柱状图统计 退出 单位：吨/年

控制单元号	TOWN	COD入河量	COD产生量	COD排放量	NH3_N入河量	NH3_N产生量	NH3_N排放量
201	白岘乡	33422.58295876	820094.09986260	136276.21986260	3176.24918623	16822.08995410	14756.[illegible]1995410
201	洪桥镇	406820.24948071	1357236.0949...	713097.42493570	24800.54444237	84071.17480790	56095.98480790
201	夹浦	0	672650	0	0	2720	0
207	莫干山镇	74537.448852...	1068260.5995...	345846.22950..	7780.1279156349	26693.149718...	18136.029718...
207	飞英街道						
207	白雀乡	153598.83644127	542946.53147090	398492.98147090	8442.14242402	34043.39141340	32414.83141340
209	石淙镇	322504.73263851	3804648.1754...	785297.67546170	13897.95475571	75377.42918570	32485.55918570
204	孝丰镇	918559.33115247	2195841.3371...	1270932.5971...	78320.41145611	124304.69485370	111807.4948537
205	开发区	5750	358600	5750	0	2090	0
204	天荒坪镇	2600	2600	2600	0	0	0
202	洪桥镇	0	2870	0	0	0	0
207	仁皇山街道	1300	93830	1300	170	1800	170
209	和孚	0	0	0	0	0	0
210	织里镇	770280	501600	770280	55854	24602.40	55854

图 5-47 乡镇污染负荷信息查询结果

直排生活源——查询结果显示

导出电子表格 饼状图统计 柱状图统计 退出 单位：吨/年

控制单元号	污染源类型	类别	COD入河量	COD产生量	COD排放量	NH3_N入河量	NH3_N产生量
202	直排生活源	农村生活	408867.50	3831523.26	2043337.48	46658.05	363152.32
203	直排生活源	农村生活	288332.40	2323295.37	1441661.97	31774.20	232329.53
204	直排生活源	农村生活	185627.72	1485397.87	928138.64	20522.10	148539.79
211	直排生活源	农村生活	248991.07	1678793.21	1244955.31	29007.49	167879.32
210	直排生活源	农村生活	585389.93	3691084.40	2926949.60	68684.91	369108.44
205	直排生活源	农村生活	146848.22	1279129.36	734241.15	15894.14	127912.94
206	直排生活源	城镇生活					
204	直排生活源	城镇生活	724168.50	804631.67	804631.67	75813.70	84237.44
205	直排生活源	城镇生活	1985762.48	2206402.76	2206402.76	207890.84	230989.82
209	直排生活源	农村生活	370908.98	2310674.84	1854544.85	40599.37	231067.48
210	直排生活源	城镇生活	5409856.05	6010951.16	6010951.16	566361.55	629290.59
202	直排生活源	城镇生活	2402126.78	2669029.75	2669029.75	251480.31	279422.55
206	直排生活源	农村生活	1208.30	68065.20	6041.48	122.92	6806.52
209	直排生活源	城镇生活	1307238.19	1452486.88	1452486.88	136855.67	152061.65

图 5-48 直排生活源信息查询结果

控制单元信息查询——查询结果显示

导出电子表格 饼状图统计 柱状图统计 退出 单位：吨/年

控制单元号	COD入河量	COD产生量	COD排放量	NH3_N入河量	NH3_N产生量	NH3_N排放量	TN入河量
209	3759.15	27018.27	8419.76	244.35	866.63	450.05	549.47
206	23.63	186.79	45.94	0.31	7.54	1.17	4.44
201	8260.95	23058.22	10849.34	699.98	1183.87	982.62	1089.33
203	2824.96	10695.56	4452.27	297.05	720.90	464.32	436.72
204	1391.29	4678.16	2482.64	101.44	297.26	200.14	220.30
205	2953.17	8277.49	3968.48	250.18	391.87	344.40	411.48
211	3051.99	11335.21	4864.05	273.32	493.33	431.25	419.75
212	8701.16	43310.32	12296.71	641.56	2815.95	934.43	1215.98
202	3429.29	11067.46	6017.35	321.01	738.62	577.29	620.89
207	15963.52	42720.07	20029.74	1623.26	2218.27	1983.05	2331.83
210	8707.51	24728.54	12749.03	822	1414.98	1199.64	1280.48
208	3281.79	13588.80	4721.37	266.82	633.05	430.43	364.13
*							

图 5-49 控制单元污染负荷信息查询结果

5.4.8 专题制图功能

专题地图是按照地图主题的要求突出、完善地显示一种或几种特定的要素，而使地图内容、用途成为专题化的地图。它由底图要素和专题要素组成。与普通地图相比，专题地图只将某一种或几种相关联的要素特别完备而详尽地显示。其他要素则较为次要地显示，甚至某些要素根本不予表示。在专题图上不仅可以表示现象的现状及其分布，而且能表示出现象的动态变化和发展规律，为行业规划、设计和决策提供有关的科学依据。

基于 ArcGIS 专题图制作室将各种专题数据图形化，在地图上直接、快捷、方便地显示出来，也就是利用属性表中一列或多列数据编制专题地图的方法。专题地图的制作正是将各种专题属性数据图形化在地图上快捷、直观、翔实地表示，用不同的颜色来区分不同大小或不同性质的属性数据，用符号大小反映数值大小，用点的疏密表达数值大小，用直方图、饼图显示等。

以江苏省畜禽养殖为例，其污染负荷专题图输出结果见图 5-50～图 5-55。

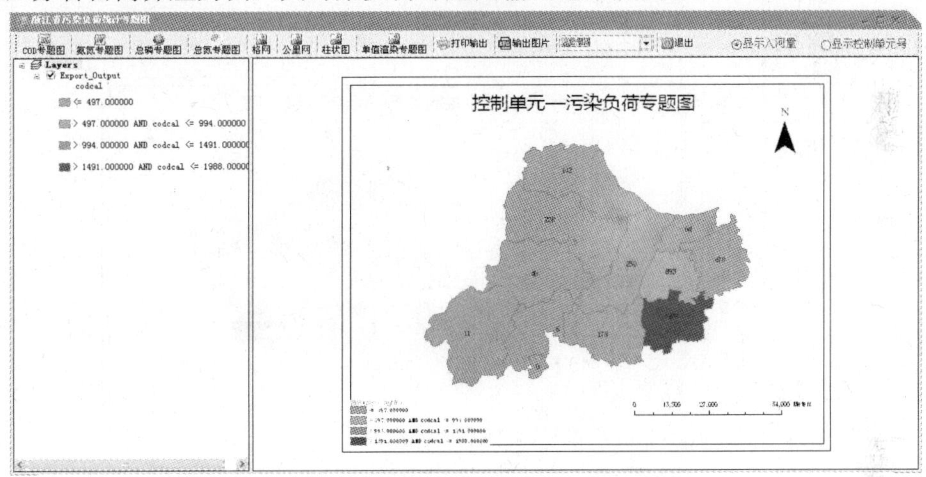

图 5-50 畜禽养殖 COD 入河量专题图

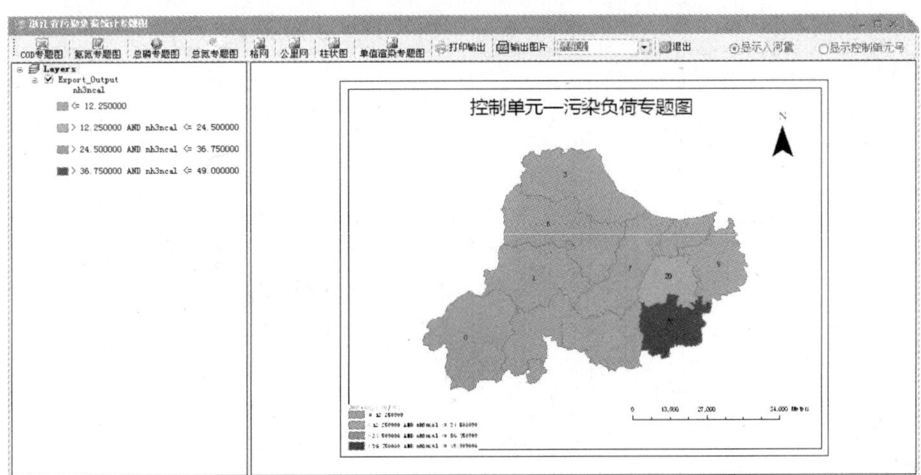

图 5-51 畜禽养殖 NH_3-N 入河量专题图

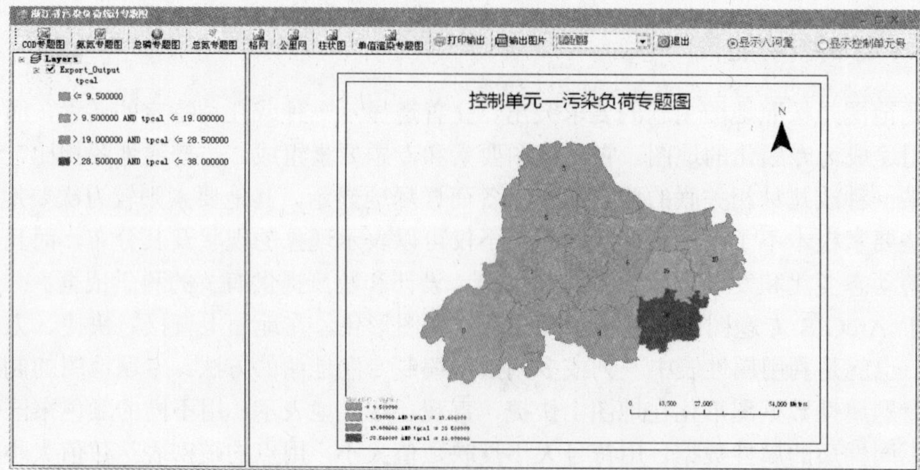

图 5-52 畜禽养殖 TP 入河量专题图

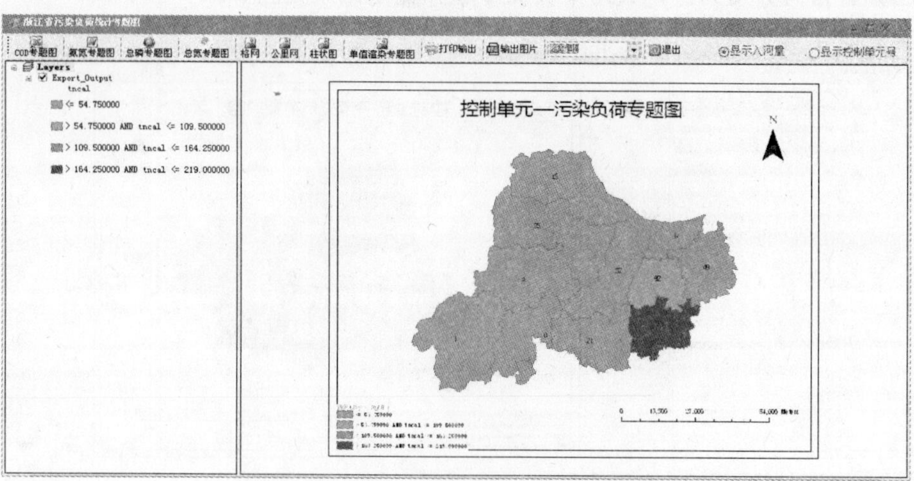

图 5-53 畜禽养殖 TN 入河量专题图

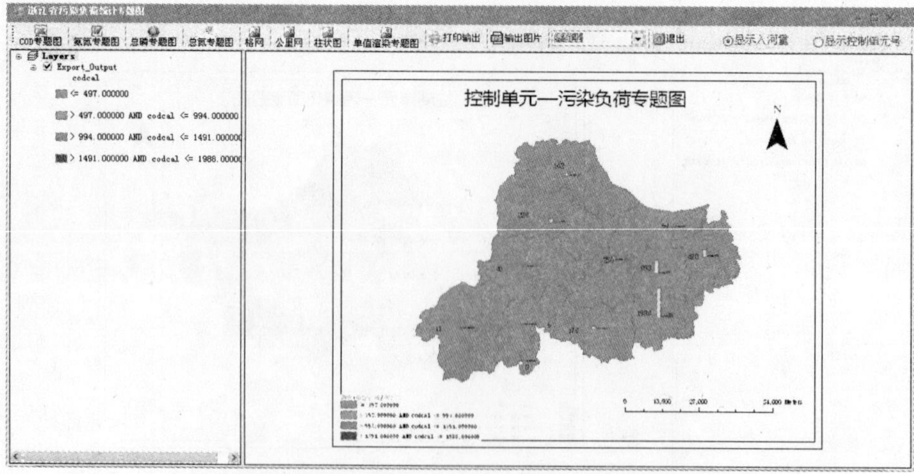

图 5-54 畜禽养殖 COD 入河量柱状图专题图

COD专题图
氨氮专题图
总磷专题图
总氮专题图
格网
公里网
柱状图
单值渲染专题图
打印输出
输出图片
退出
显示入河量
显示控制单元号
Layers
Export_Output
codcal
<= 497.000000
> 497.000000 AND codcal <= 994.000000
> 994.000000 AND codcal <= 1491.000000
> 1491.000000 AND codcal <= 1988.000000
控制单元—污染负荷专题图
119°0'0"E
119°30'0"E
120°0'0"E
120°30'0"E
31°0'0"N
30°30'0"N
N

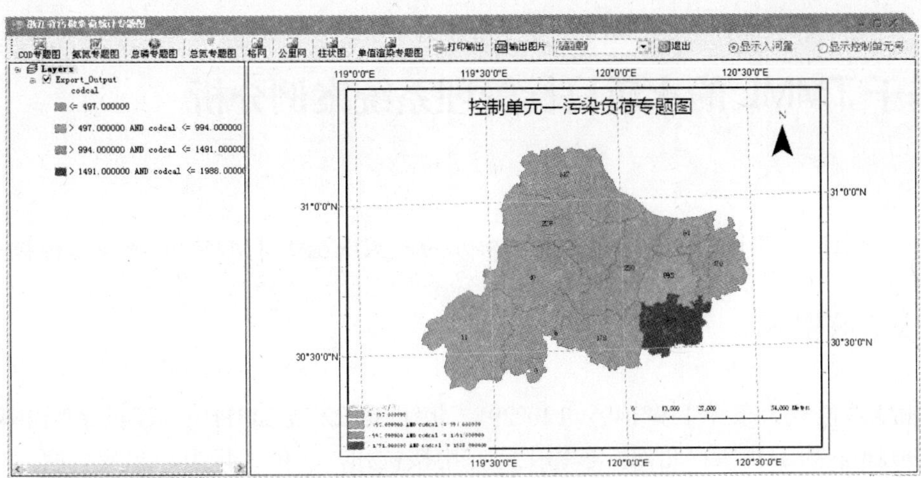

图 5-55 格网专题图

6 基于 TMML 的水质目标管理系统案例分析

本章以浙江省湖州市示范区 201 控制单元为例实现基于 TMML 的水质目标管理。

6.1 示范区概况

湖州地理位置为东经 119°14′至 120°29′、北纬 30°22′至 31°11′，东西长度 126km，南北宽度 90km，处于浙江省北部，东邻上海，南接杭州，西依天目山，北濒太湖，与无锡、苏州隔湖相望，是环太湖地区唯一因湖得名的城市，总面积 5 818 km^2，下辖地区包括吴兴区、南浔区、长兴、德清及安吉县。东部为水乡平原，西部以山地、丘陵为主，俗称"五山一水四分田"。全市地势大致由西南向东北倾斜，西部多山，东部为平原水网区，平均海拔仅 3m 左右。有东苕溪、西苕溪等众多河流。

湖州市地处北亚热带季风气候区。气候总的特点是：季风显著，四季分明；雨热同季，降水充沛；光温同步，日照较少；气候温和，空气湿润；地形起伏高差大，垂直气候较明显。全市年平均气温 12.2～17.3℃，最冷月 1 月，平均气温–0.4～5.5℃；最热月 7 月，平均气温 24.4～30.8℃，年降水量 761～1 780 mm。风向季节变化明显，冬半年盛行西北风，夏半年盛行东南风，3 月和 9 月是季风转换的过渡时期，一般以东北风和东风为主。

湖州境内主要河流有西苕溪、东苕溪中下游、塘、双林塘、泗安塘等，流速范围在 0～52 m^3/s，水深从 1～8 m 不等；境边南接东苕溪上游，北濒太湖，东联大运河及黄浦江。平原河网湖荡密布，山区建有山塘水库，域内水面面积 536 km^2，其中河流、湖泊面积 496 km^2。

湖州的土地利用方式以林地、园地、耕地和水域为主，耕地主要分布在东部平原，林地在湖州的分布较为广泛，其中竹林相对集中在西部的山区。湖州以水稻为主要的农作物，一年两季；竹林和茶园为其较重要的经济作物，也是湖州的主要特色之一；此外，湖州的水资源丰富，水产养殖业也较为兴盛。家禽养殖中，以猪、牛、羊及家鸡的饲养量居多，其中吴兴区、南浔区及德清县的全年猪养殖量达到 90 万头以上，而吴兴区和南浔区家禽的年养殖量总和也已经高达 4 000 万～5 000 万羽。

6.2 控制单元

6.2.1 控制单元概况

6.2.1.1 重要水生态功能区

包漾河饮用水源保护小区，是长兴县最重要饮水水源保护区之一，本控制单元还包括洪桥、夹浦、小浦、合溪水库、横岕水库等饮用水源保护小区。

顾渚山自然保护小区位于水口乡，区域面积约 25 km^2，以盛产唐代贡品紫笋茶、金沙泉水而闻名，顾渚山野生动物共约 175 种，率属 26 目 59 科。桃花岕森林资源保护小区位于雉城镇北部后漾乡，面积约 8.2 km^2。另有槐坎金钱松自然保护小区和八都岕银杏自然保护小区，属于森林生态系统，对改善和维护生态环境起到重要作用。

长兴金钉子地质遗迹保护小区位于煤山镇，面积 5.5 km^2，是全球二叠系至三叠系地质时代的地层、生物，二叠系-三叠系界线层剖面，也是古生态-中生代的界线层剖面，距今 2.5 亿年左右。

南太湖沿湖重要生态功能小区位于南太湖沿岸，包括沿岸纵深 1 km 左右，总面积 30 km^2。

以上区域主要生态功能为饮用水源保护、洪水调蓄，兼有生物多样性维持等功能。

6.2.1.2 农林业生产主导功能区

长兴东部农业综合发展区地处太湖沿岸，包括洪桥镇中部、雉城镇东部、夹浦镇南部以及李家巷东部地区，该区地势平坦，河网发达、湖泊众多，主要水系包括合溪新港、长兴港以及横山港。它是长兴县粮食主产区和水产养殖区，建有无公害硒营养稻米基地、万羽优质鹌鹑基地、无公害蔬菜基地以及古龙村水产养殖基地。

长兴东北部水土保持与水源涵养区属于丘陵山区，人口主要集中在东南部靠近夹浦沿湖地区。工业经济主要有轻纺、耐火、生物制药、精细化工等产业，区内有龙山工业集中区、水口乡工业园区等。

长兴西北部地质遗迹保护区位于长兴西北部，包含白岘乡、槐坎乡和煤山镇，主要为丘陵山区，植被茂盛，生态环境良好，矿种较多，有石灰石、石英砂岩、高岭等矿产资源。区内有以水泥为主的建材、电子等企业。

6.2.1.3 城镇与产业发展主导功能区

长兴中心城市发展小区位于县城雉城镇区，境内泗安塘、合溪等主要干流均在雉城汇集流入太湖，是长兴经济、文化、政治、商业中心，工业经济已初步形成了以轻纺、机械、食品、医药、电子、耐火等新型建材为主的产业。经济开发区以玻璃制造、建材、耐火材料、蓄电池等企业为主导产业。

煤山工业与城镇发展小区以新型建材、医药化工、金属锯片、电子元器件、玻璃工艺、轻纺、特色机电等为支柱产业，区域内有煤山工业园区、白岘乡工业功能区和槐坎电子电容工业功能区。

夹浦工业与城镇发展小区北靠低山丘陵，东临太湖，地势自西向东缓降，以“轻纺之乡”而闻名，已形成轻纺、耐火、生物制药、精细化工四大产业。

6.2.2 主要环境问题

6.2.2.1 重要水生态功能区

由于区域经济发展，工业废水、生活污水和农业面源污染不断增加，严重影响了包漾河水质安全。随着人口的增加、供水范围扩大，取水量持续增加，上游地下水开采过度，水流减少，包漾河水量得不到有效补充，造成太湖湖水倒灌回流，太湖藻类威胁饮用水源安全。合溪、洪桥饮用水源保护小区周边部分重点污染企业对水质存在一定威胁，农村生活污水和垃圾产生量大，污水处理设施配套不够健全。八都岕十里银杏长廊开设多家农家乐，生活污水处理设施不够完善，易造成生活污染。

南太胡沿湖重要生态功能小区平原河网区，有众多内河入湖，呈现典型的平原滨河生态系统特色，生物资源较丰富，生物生境复杂多样，同时人类活动胁迫效应明显。接纳了长兴境内绝大部分过境地表径流，特殊生境系统对水环境污染起到稀释、净化作用，由于上游来水污染负荷过大，超出了生态系统的净化能力，经常暴发大面积的蓝藻，水体呈现富营养化。目前农村居民点分布较多，农村生活污染对水体环境造成一定的影响。

6.2.2.2 农林业生产主导功能区

区内有大量布局分散的建材、耐火材料和轻纺企业，对生态环境有较大影响。水体污染主要来自村镇居民生活和农业面源污染，区域化肥农药用量和畜禽养殖量大，农村卫生状况欠优，道路、河岸两侧垃圾乱堆乱放较为普遍，河道淤积影响防洪排涝，环境基础设施有待完善。

由于矿山开采，造成植被破坏，部分山体裸露，导致水土流失、丘陵山区水源涵养能力较弱。

6.2.2.3 城镇与产业发展主导功能区

长兴中心城市区水环境质量较差，污染源主要来自雉城镇多家轻纺企业及许多分散家庭作坊，分散工业企业废水入管难度大。经济开发区资源能源利用较为粗放，污染处理能力不够，存在不达标排放现象。煤山区块工厂布局不合理。夹浦镇轻纺业排放废水量大。白砚、槐坎污水收集处理系统不健全。

6.3 水生态功能定位

6.3.1 生态系统组成状况

控制单元 201 分布在湖州市的北部，其面积组成比例如表 6-1 所示。在此控制单元中，森林生态系统面积最大，占控制单元总面积的 52.12%；其次是农田生态系统，占总面积的 23.52%；再次是城镇生态系统，占总面积的 15.81%，其他生态系统比例很小。

表 6-1 生态系统类型表

生态系统类型	面积/hm^2	比重/%
湿地	1125.04	1.55
河流	2282.97	3.14
湖泊	77.92	0.11
水库	64.13	0.09
农田	17114.31	23.52
森林	37922.88	52.12
草地	356.25	0.49
城镇	11501.91	15.81
荒漠	2310.83	3.18
总计	72756.24	100.00

6.3.2 生态服务功能特征

该控制单元中陆地生态系统各项服务功能分别为：水量调节 1.52×10^8t，削减总氮 9.12×10^3t，削减总磷 8.96×10^2t，控制总氮 6.65×10^3t，控制总磷 1.19×10^3t，控制泥沙 8.64×10^5t，生境维持指数 1.29；该控制单元中水域生态系统各项服务功能分别为：水源供给 9.20×10^7t，削减总氮 4.14×10^3t，削减总磷 8.28×10^2t，航运通道 4.61×10^8t，水源储存 1.05×10^8t，水量调节 3.55×10^6t，生物多样性指数 1.62。

从水陆生态服务功能重要性排序来看，陆地生态系统中，水量调节功能最高，控制总氮总磷功能次之，控制泥沙、削减总氮总磷相对较弱，生境维持功能处于重要水平（1.29）；水域生态系统中，削减总氮总磷功能最高，水源储存和水源供给功能次之，航运通道与水量调节功能相对较弱，维持生物多样性功能处于重要水平（SW 多样性指数为 1.62）（表 6-2）。

该控制单元中陆地生态系统各项服务功能在数据库中显示结果见图 6-1～图 6-6。

表 6-2 控制单元 III 121-201 生态服务功能

	功能指标	单位	数值	比重（%）	功能排序
陆地	水量调节	t	1.52×10^8	4.45	1
	削减总氮	t	9.12×10^3	2.56	5
	削减总磷	t	8.96×10^2	1.85	6
	控制总氮	t	6.65×10^3	3.49	3
	控制总磷	t	1.19×10^3	3.81	2
	控制泥沙	t	8.64×10^5	3.43	4
	生境维持	指数	1.29	1.26*	重要
水域	水源供给	t	9.20×10^7	0.14	4
	水源储存	t	1.05×10^8	0.80	3
	水量调节	t	3.55×10^6	0.05	6
	削减总氮	t	4.14×10^3	0.87	1
	削减总磷	t	8.28×10^2	0.87	2
	航运通道	t	4.61×10^8	0.06	5
	生物多样性	指数	1.62	1.28*	重要

注：*表示指数的倍数。

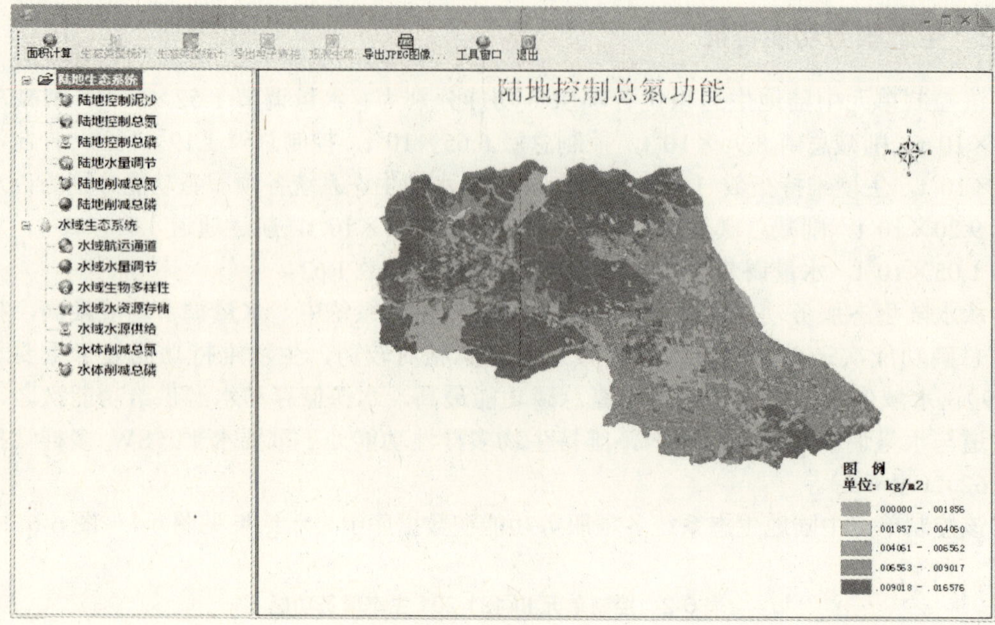

图 6-1　陆地控制总氮

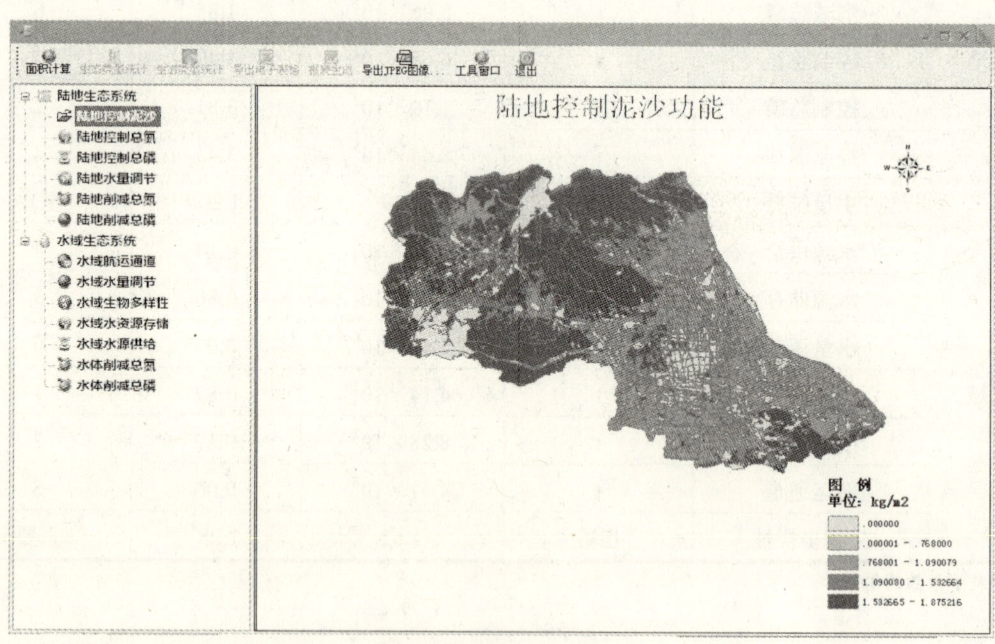

图 6-2　陆地控制泥沙

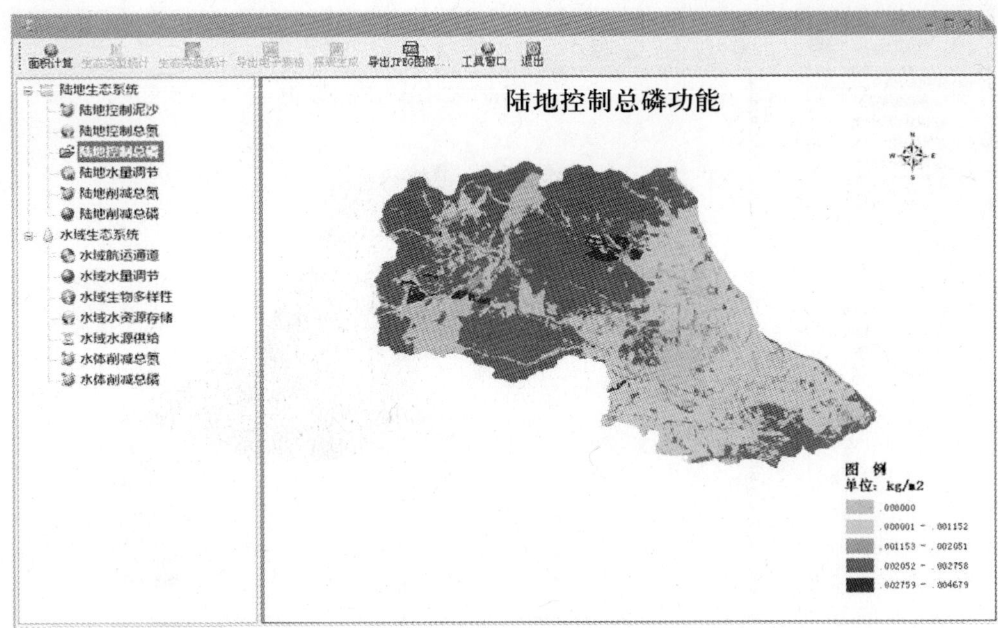

图 6-3　陆地控制总磷

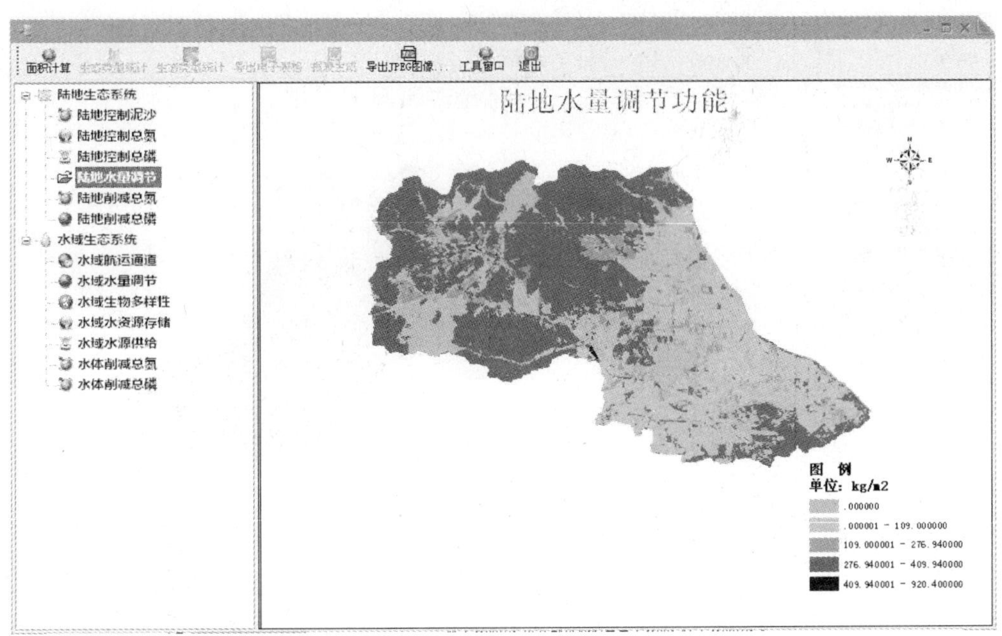

图 6-4　陆地水量调节

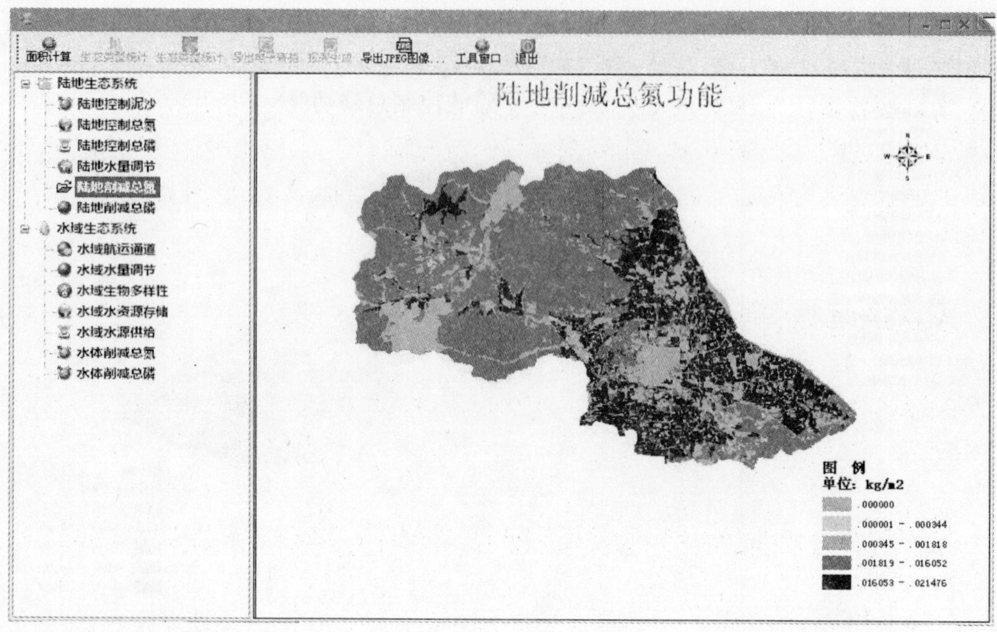

图 6-5 陆地削减总氮

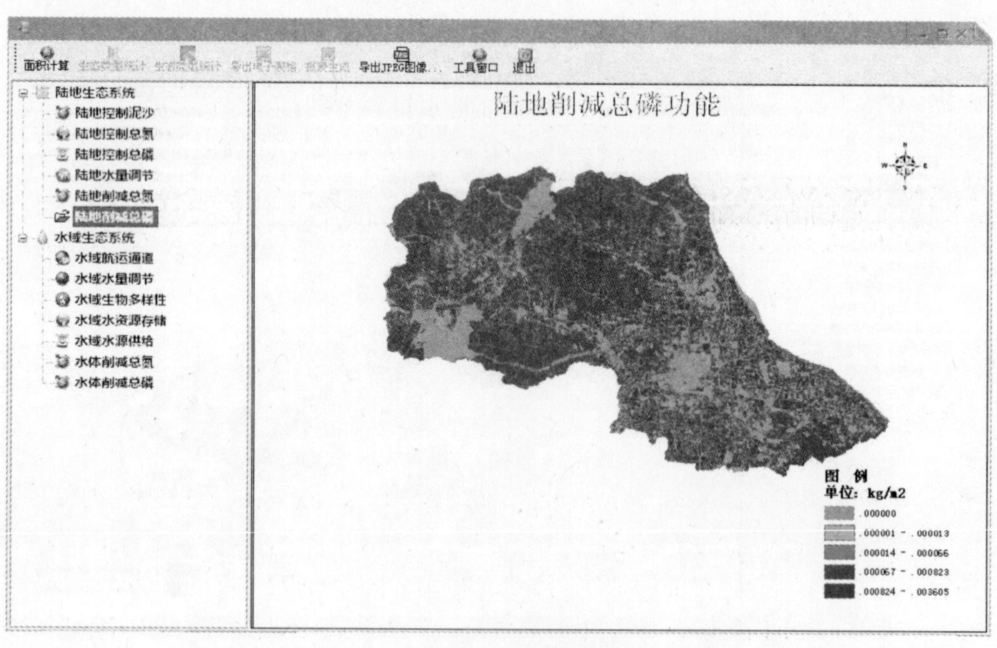

图 6-6 陆地削减总磷

从生态系统组成来看，该控制单元中森林生态系统占绝对优势，应以发挥森林的水生态服务功能为主。从生态服务功能排序来看，陆地生态系统以水量调节功能为主，其次为控制总氮总磷；水域生态系统以削减总氮总磷为主，其次为水源储存。从区位上来看，该控制单元位于太湖上游，太湖湖体周围，控制单元内水质的好坏直接影响太湖。结合以上因素综合分析，给出该控制单元功能定位为：陆地以水量调节为主，水域以水质净化为主。

6.4 水环境容量计算

201 控制单元水环境容量为 COD 为 13 132.99 t/a，TP 为 1 048.18 t/a，TN 为 76.29 t/a，NH_3-N 为 806.59 t/a（图 6-7）。

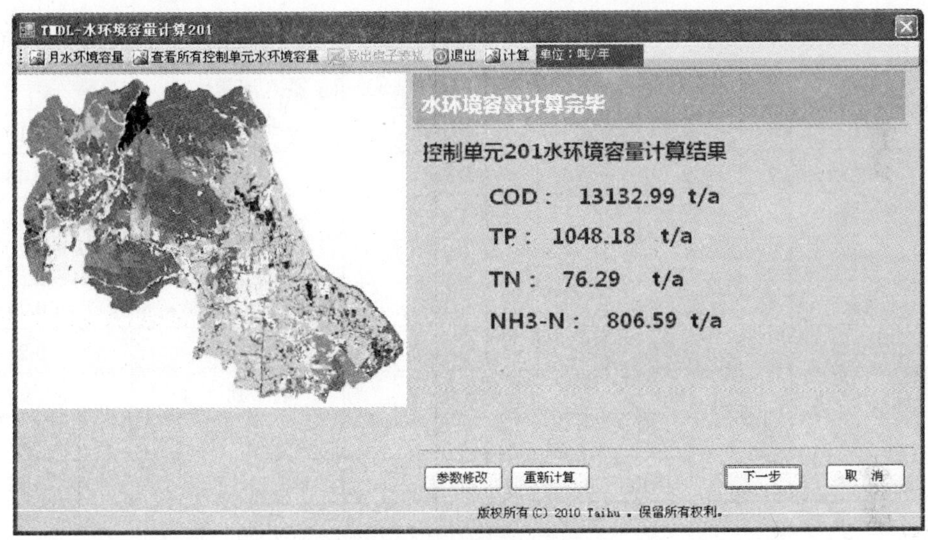

图 6-7 水环境容量计算结果

6.5 污染负荷核算

201 控制单元污染负荷入河总量为 COD 为 6 304.08 t/a，TP 为 84.72 t/a，TN 为 1 003.03 t/a，NH_3-N 为 650.104 t/a。其中养殖业源 COD 为 141.54 t/a，TP 为 2.55 t/a，TN 为 14.94 t/a，NH_3-N 为 3.204 t/a；其中种植业源 COD 为 96.37 t/a，TP 为 3.92 t/a，TN 为 76.65 t/a，NH_3-N 为 9.05 t/a；其中直排生活源 COD 为 6 033.8 t/a，TP 为 77.94 t/a，TN 为 902.29 t/a，NH_3-N 为 636.57 t/a；其中直排工业源 COD 为 32.37 t/a，TP 为 0.31 t/a，TN 为 9.15 t/a，NH_3-N 为 1.28 t/a。

各控制单元污染负荷统计见表 6-3～表 6-6。

表 6-3 养殖业污染负荷按乡镇统计

序号	乡镇	COD 入河量/（t/a）	氨氮入河量/（t/a）	总氮入河量/（t/a）	总磷入河量/（t/a）
1	槐坎乡	0.25	0	0.01	0
2	小浦镇	0.34	0	0.02	0
3	雉城镇	32.93	0.57	3.12	0.51
4	洪桥镇	88.51	2.07	9.22	1.60
5	白岘乡	1.93	0.014	0.16	0.02
6	煤山镇	0	0	0	0
7	李家巷镇	1.39	0.04	0.17	0.03
8	夹浦镇	14.35	0.45	1.97	0.34
9	水口乡	1.84	0.06	0.27	0.05

表 6-4 种植业污染负荷按乡镇统计

序号	乡镇	COD 入河量（t/a）	氨氮入河量（t/a）	总氮入河量（t/a）	总磷入河量（t/a）
1	槐坎乡	3.20	0.30	2.90	0.19
2	小浦镇	9.50	0.90	7.67	0.43
3	雉城镇	37.42	3.45	29.57	1.36
4	洪桥镇	19.92	1.85	15.71	0.72
5	白岘乡	2.87	0.30	2.41	0.21
6	煤山镇	4.07	0.40	3.26	0.21
7	李家巷镇	0	0	0	0
8	夹浦镇	13.00	1.23	9.99	0.47
9	水口乡	6.39	0.62	5.14	0.33

表 6-5 直排生活污染负荷按乡镇统计

序号	乡镇	COD 入河量/（t/a）	氨氮入河量/（t/a）	总氮入河量/（t/a）	总磷入河量/（t/a）
1	槐坎乡	27.41	3.17	8.93	0.78
2	小浦镇	144.19	15.61	26.76	2.32
3	雉城镇	5018.12	526.85	709.73	61.22
4	洪桥镇	180.73	19.49	34.97	3.04
5	白岘乡	23.55	2.71	7.67	0.67
6	煤山镇	161.10	16.96	24.36	2.10
7	李家巷镇	329.05	35.21	56.50	4.90
8	夹浦镇	117.71	12.77	22.87	1.99
9	水口乡	31.94	3.80	10.50	0.92

表 6-6 直排工业源污染负荷信息表（部分结果）

序号	省份	乡镇	公司名称	行业类别	工业总产值/（万元/a）	污水排放量/（t/a）	COD 排放量/（t/a）	氨氮排放量/（t/a）	总氮排放量/（t/a）	总磷排放量/（t/a）
1	浙江省	煤山镇	长兴兴达耐火材料厂	其他	80		0	0	0	0
2	浙江省	煤山镇	浙江省湖州市长兴县防火阻火材料厂	其他	220		0	0	0	0
3	浙江省	煤山镇	长兴县煤山华兴耐火炉料厂	其他	40		0	0	0	0
4	浙江省	煤山镇	长兴彩印厂	其他	27		0	0	0	0
5	浙江省	煤山镇	长兴今久塑料制品有限公司	其他	87		0	0	0	0
6	浙江省	煤山镇	长兴腾飞耐火有限公司	其他	60		0	0	0	0
7	浙江省	煤山镇	长兴县煤山窑炉耐火厂	其他	50		0	0	0	0
8	浙江省	煤山镇	长兴晨旭食品有限公司	其他	800	0.45	0	0	0.01	0
9	浙江省	煤山镇	长兴巨盛炉窑工程有限公司	其他	300		0	0	0	0
10	浙江省	煤山镇	长兴华宇耐火材料有限公司	其他	120		0	0	0	0
11	浙江省	煤山镇	长兴长能电池电源厂	其他	1 949	0	0	0	0	0
12	浙江省	煤山镇	长兴力能电源有限公司	其他	1 600	0	0	0	0	0
13	浙江省	煤山镇	长兴县金顺耐火材料厂	其他	30		0	0	0	0
14	浙江省	煤山镇	浙江天能电池有限公司	其他	135 000	0	0	0	0	0
15	浙江省	煤山镇	长兴五通蓄电池隔板厂	其他	300		0	0	0	0
16	浙江省	煤山镇	浙江长兴山鹰综合利用发电有限公司	其他	14 476.99	0	0	0	0	0
17	浙江省	煤山镇	长兴县煤山石矿	其他	560		0	0	0	0
18	浙江省	煤山镇	长兴县定点生猪屠宰服务中心煤山屠宰场	肉类加工工业	20	4.49	8.74	0.38	0.07	0
19	浙江省	煤山镇	长兴长广水泥有限责任公司	其他	16 000	1.84	0.06	0	0.03	0
20	浙江省	煤山镇	长兴煤山凳峰矿业有限公司	其他	5 202		0	0	0	0
21	浙江省	煤山镇	长兴县煤山节能材料厂	其他	100		0	0	0	0
22	浙江省	煤山镇	浙江省长兴县登峰炉料有限公司	其他	200		0	0	0	0
23	浙江省	煤山镇	长兴煤山特耐炉料有限公司	其他	20		0	0	0	0
24	浙江省	煤山镇	长兴县尚儒耐火材料厂	其他	12		0	0	0	0

序号	省份	乡镇	公司名称	行业类别	工业总产值/（万元/a）	污水排放量/（t/a）	COD 排放量/（t/a）	氨氮排放量/（t/a）	总氮排放量/（t/a）	总磷排放量/（t/a）
25	浙江省	水口乡	长兴县水口宏运耐火材料厂	其他	70		0	0	0	0
26	浙江省	水口乡	长兴县水口工业炉耐火材料厂	其他	150		0	0	0	0
27	浙江省	水口乡	长兴振建磨料有限公司	其他	1 464		0	0	0	0
28	浙江省	水口乡	长兴县湖光建陶厂	其他	180		0	0	0	0
29	浙江省	水口乡	长兴顺舟陶瓷制品厂	其他	180		0	0	0	0
30	浙江省	水口乡	长兴金泉米业有限公司	淀粉工业	515		0	0	0	0
31	浙江省	水口乡	长兴县生猪定点屠宰服务中心	肉类加工工业	10	2.24	4.3	0.19	0.03	0
32	浙江省	水口乡	长兴水口九洲建筑陶瓷厂	其他	90		0	0	0	0
33	浙江省	水口乡	长兴龙山建筑陶瓷厂	其他	90		0	0	0	0
34	浙江省	水口乡	长兴鼎力建陶厂	其他	190		0	0	0	0
35	浙江省	水口乡	长兴水口龙鑫陶瓷厂	其他	160		0	0	0	0
36	浙江省	水口乡	长兴盼盼建筑陶瓷厂	其他	118.5		0	0	0	0
37	浙江省	白岘乡	长兴余大电子电容厂彩色水泥厂	其他	100	0	0	0	0	0
38	浙江省	白岘乡	长兴县路达建筑材料厂	其他	30	0.01	0	0	0	0
39	浙江省	白岘乡	郑考勤笋厂	其他	18	0.78	0.82	0	0.01	0
40	浙江省	白岘乡	长兴县白岘长城彩砖面料厂	其他	40		0	0	0	0
41	浙江省	白岘乡	长兴县兴龙建陶有限公司	其他	260		0	0	0	0
42	浙江省	李家巷镇	长兴县新勇保温材料厂	其他	78		0	0	0	0
43	浙江省	李家巷镇	长兴宏雄市政道路设施有限公司	其他	336.45	0.13	0	0	0	0
44	浙江省	李家巷镇	长兴宏业高科高温耐火材料有限公司	其他	200		0	0	0	0

6.6 污染负荷分配

按照污染负荷三层分配体系，根据201控制单元水环境容量计算结果：COD为12476.34t/a，TP为995.77t/a，TN为72.48t/a，NH_3-N为766.26t/a，这里安全余量取0.05进行一次分配，养殖业源第一次分配结果COD为1247.63t/a，TP为99.58t/a，TN为6.52t/a，NH_3-N为68.96t/a（图6-8）；种植业第一次分配结果COD为99.58t/a，TP为1292.77t/a，TN为8.7t/a，NH_3-N为68.96t/a；直排生活源第一次分配结果COD为6737.22t/a，TP为517.8t/a，TN为36.96t/a，NH_3-N为421.44t/a；直排工业源第一次分配结果COD为2245.74t/a，TP为229.03t/a，TN为16.67t/a，NH_3-N为145.59t/a。

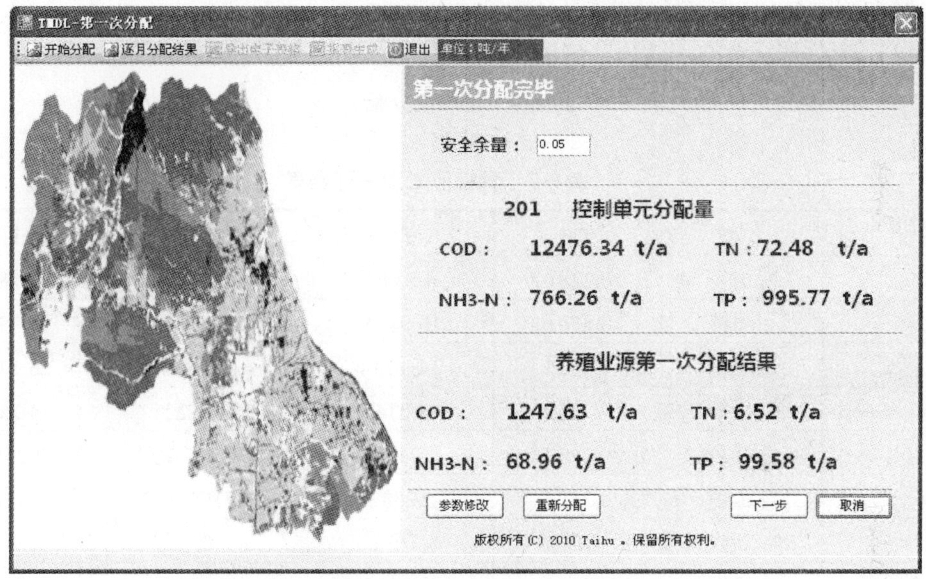

图6-8 第一次分配结果

畜禽养殖业分配结果COD为480.76t/a，TP为38.37t/a，TN为2.51t/a，NH_3-N为26.57t/a（图6-9）；水产养殖分配结果COD为766.87t/a，TP为62.7t/a，TN为36.96t/a，NH_3-N为43.97t/a；城镇生活分配结果COD为480.76t/a，TP为38.37t/a，TN为2.51t/a，NH_3-N为26.57t/a；农村生活分配结果COD为766.87t/a，TP为62.7t/a，TN为4.07t/a，NH_3-N为43.97t/a。种植业和直排工业源的二次分配结果见表6-7和表6-8。

根据第二次分配的结果和三层分配原则，系统进行第三次分配。各控制单元三次分配结果见表6-9～表6-13和图6-10。

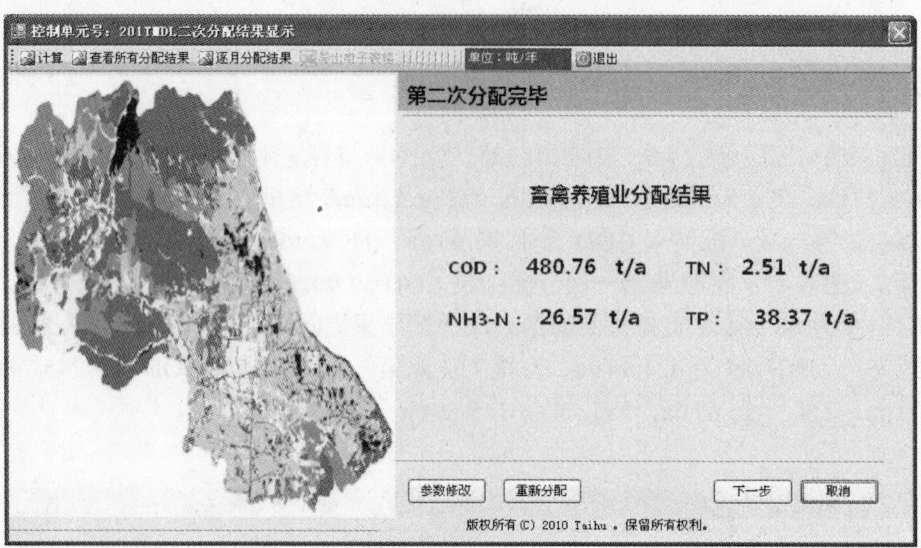

图 6-9 第二次分配

表 6-7 种植业二次分配结果 单位：t/a

序号	乡镇	TN	TP	COD	NH_3-N
1	槐坎乡	0.3286	4.8147	37.2391	2.287
2	小浦镇	0.8706	10.9468	110.6984	6.798
3	雉城镇	3.3571	34.5094	436.0024	26.7767
4	洪桥镇	1.7832	18.2746	232.0925	14.2537
5	白岘乡	0.2733	5.428	33.4874	2.0566
6	煤山镇	0.3696	5.2583	47.4255	2.9126
7	李家巷镇	0	0	0	0
8	夹浦镇	1.1341	12.0047	151.4318	9.3
9	水口乡	0.5833	8.3435	74.4934	4.5749

表 6-8 直排工业源二次分配结果 单位：t/a

序号	工业细类	COD	NH_3-N	TN	TP
1	电镀工业	418.51	6.37	3.2	43.95
2	其他	479.68	49.6	0.75	10.33
3	化学工业其他排污单位	331.8	17.52	0.74	10.13
4	肉类加工工业	622.75	46.62	0.73	10.02
5	纺织染整工业	98.25	6.37	0.73	10.02
6	淀粉工业	98.25	6.37	0.73	10.02
7	生物工程类制药工业	98.25	6.37	0.73	10.02
8	钢铁工业	98.25	6.37	0.73	10.02

表 6-9 畜禽养殖三次分配结果 单位：t/a

序号	乡镇	TN	TP	COD	NH_3-N
1	小浦镇	25.94	1.43	0.14	2.07
2	洪桥镇	38.91	2.15	0.2	3.11
3	白岘乡	51.88	2.87	0.27	4.14
4	水口乡	64.85	3.58	0.34	5.18
5	雉城镇	75.09	4.15	0.39	5.99
6	夹浦镇	88.06	4.87	0.46	7.03
7	李家巷镇	101.03	5.58	0.53	8.06
8	槐坎乡	12.97	0.72	0.07	1.04

表 6-10 水产养殖三次分配结果 单位：t/a

序号	乡镇	TN	TP	COD	NH_3-N
1	小浦镇	36.84	2.07	0.2	2.98
2	洪桥镇	73.68	4.13	0.41	5.95
3	雉城镇	139.63	7.83	0.77	11.28
4	夹浦镇	214.91	12.2	0.99	17.36
5	李家巷镇	213.32	11.96	1.17	17.23
6	水口乡	110.53	6.2	0.61	8.93

表 6-11 城镇生活三次分配结果 单位：t/a

序号	乡镇	TN	TP	COD	NH_3-N
1	槐坎乡				
2	小浦镇	0.84	11.61	164.54	10.56
3	洪桥镇	0.99	13.66	193.58	12.43
4	雉城镇	38.23	528.86	7 493.3	481.03
5	夹浦镇	0.64	8.88	125.82	8.08
6	白岘乡				
7	煤山镇	1.16	16.05	227.45	14.6
8	李家巷镇	2.1	29.03	411.35	26.41
9	水口乡				

表 6-12 农村生活三次分配结果 单位：t/a

序号	乡镇	TN	TP	COD	NH_3-N
1	槐坎乡	3.27	45.21	644.44	40.53
2	小浦镇	4.33	59.83	845.52	54.75
3	洪桥镇	6.36	88.04	1 255.63	78.8
4	雉城镇	10.8	149.37	2 098.79	138.59
5	夹浦镇	4.19	57.93	821.71	52.54
6	白岘乡	2.8	38.81	553.74	34.71
7	煤山镇	1.36	18.83	270.33	16.58
8	李家巷镇	7.01	96.95	1 374.85	87.98
9	水口乡	3.84	53.14	751.03	48.62

表 6-13　无排口第三次分配结果（部分结果）

序号	工业类别	公司名称	COD 达标排放量	NH_3-N 达标排放量	TN 达标排放量	TP 达标排放量	COD 削减量	NH_3-N 削减量	TN 削减量	TP 削减量	COD 实际分配量	NH_3-N 实际分配量	TN 实际分配量	TP 实际分配量
1	化学工业其他排污单位	湖州金强涂料厂	0	0	0	0	0	0	0	0	0	0	0	0
2	化学工业其他排污单位	长兴无奇涂料有限公司	0	0	0	0	0	0	0	0	0	0	0	0
3	化学工业其他排污单位	长兴中泰分子筛有限公司	0	0	0	0	0	0	0	0	0	0	0	0
4	肉类加工工业	长兴县定点生猪屠宰服务中心煤山屠宰场	8 740	380	0	0	17 192.57	740.02	67.32	2.24	287.07	19.92	0	0
5	肉类加工工业	长兴县生猪定点屠宰服务中心	4 300	190	0	0	8 405.40	366.29	33.66	1.12	194.42	13.68	0	0
6	肉类加工工业	长兴县生猪定点屠宰服务中心白岘生猪定点屠宰场	2 080	140	0	0	4 049.72	269.28	29.93	1	110.12	10.69	0	0
7	肉类加工工业	长兴县生猪定点屠宰服务中心洪桥屠宰场	0	0	0	0	0	0	0	0	31.14	2.33	0	0
8	纺织染整工业	湖州志鑫纺织印染有限公司	0	0	0	0	0	0	0	0	0	0	0	0
9	纺织染整工业	长兴国圆印染有限公司	0	0	0	0	0	0	0	0	0	0	0	0

序号	工业类别	公司名称	COD 达标排放量	NH_3-N 达标排放量	TN 达标排放量	TP 达标排放量	COD 削减量	NH_3-N 削减量	TN 削减量	TP 削减量	COD 实际分配量	NH_3-N 实际分配量	TN 实际分配量	TP 实际分配量
10	纺织染整工业	长兴盛鑫印染有限公司	0	0	0	0	0	0	0	0	0	0	0	0
11	纺织染整工业	长兴永鑫纺织印染有限公司	0	0	0	0	0	0	0	0	0	0	0	0
12	纺织染整工业	浙江盛发纺织印染有限公司	0	0	0	0	0	0	0	0	0	0	0	0
13	纺织染整工业	长兴宏峰纺织印染有限公司	0	0	0	0	0	0	0	0	0	0	0	0
14	纺织染整工业	湖州诚鑫纺织印染有限公司	0	0	0	0	0	0	0	0	0	0	0	0
15	纺织染整工业	长兴宇鑫纺织印染有限公司	0	0	0	0	0	0	0	0	0	0	0	0
16	纺织染整工业	浙江正宇纺织印染基地有限公司	0	0	0	0	0	0	0	0	0	0	0	0
17	纺织染整工业	浙江恒鑫纺织印染有限公司	0	0	0	0	0	0	0	0	0	0	0	0

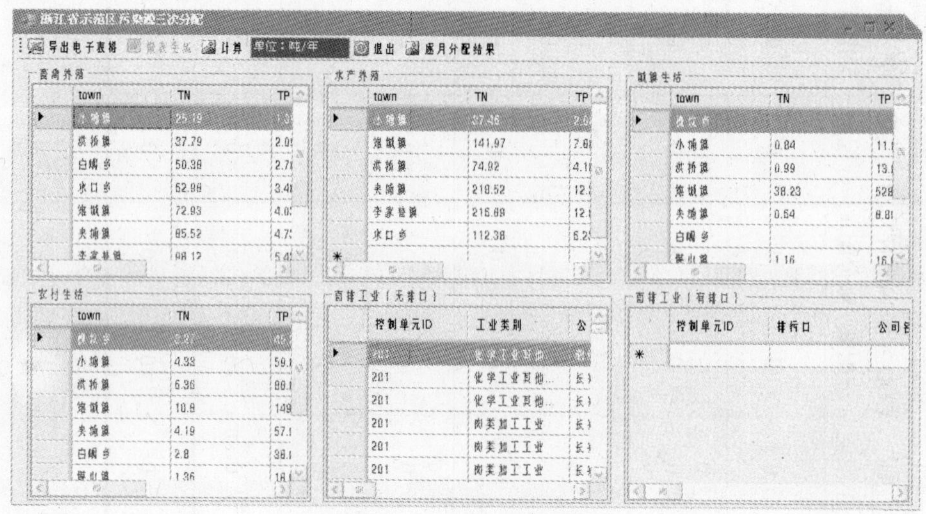

图 6-10 第三次分配结果

6.7 建议与措施

对饮用水水源保护小区，逐步迁出对水源构成威胁的工业企业，进一步完善饮用水源突发性环境事件应急预案，形成有效的预警（董志颖等，2002；魏文达等，2000）和应急机制，农田化肥（纯量）施用强度控制在 220 kg/hm^2 以下，化学农药（纯量）施用强度控制在 2 kg/hm^2 以下。农村生活污水净化处理率达到 90%，加强测土配方施肥、农药减量控害、浅水薄露灌溉等农业技术的推广，加强违禁农药的监管，减少化肥农药用量。

加强农村生活污染治理，以自然村为单位，建设生活污水净化处理设施。加强农业清洁生产，科学使用农药化肥，降低农药化肥施用强度，实现农业生态和经济的良性循环。积极推广生态农业模式，建立农业生态链，促进农业资源循环利用。

长兴中心城市区块改造和完善镇区排水系统，扩大城镇污水处理厂规模，实现雨污分流，提高城市污水处理率。加快污水管网铺设。长兴污水处理厂二期工程污水处理厂建成后，生活污水接管集中处理。

夹浦镇合理布局工业，完善工业区内配套设施，印染行业实行“阳光排污”，排污口安装污水流量计，实行 IC 智能排污监控。建立生态工业链，发展循环经济，推行清洁生产，提升产业、产品层次。加强村镇生活垃圾治理，加快污水收集系统和处理设施建设。扩建夹浦镇污水处理厂，建设夹浦镇日处理 2 万 t 污水的太平桥中水回用工程，喷水织机纳入中水回用系统，提高污水处理率，实现废水循环使用。

煤山区块开展铅酸蓄电池生产环境整治，逐步淘汰铅酸蓄电池生产线。

小浦镇区建成日处理能力为 1.5 万 t 的污水处理厂，接纳处理镇内生活污水和工业废水。建设两座生活垃圾压缩中转站，生活垃圾纳入雉城镇垃圾填埋场卫生填埋。

6.7.1 建设开发活动环境保护要求

6.7.1.1 重要水生态功能区：禁止新建与饮用水源保护、供水、自然保护、地质保护无关的任何建设项目。严格控制库区水产养殖面积和密度，控制水库周边地区旅游及水上运动娱乐开发强度。

6.7.1.2 农林业生产主导生态功能区：以高效生态养殖业和生态养殖业为主，发展绿色有机农产品。鼓励农业观光和农产品加工行业，严格控制规模化禽畜养殖场的发展规模；禁止新建化工、农药、医药、味精、酒精、制革、印染、电镀等行业中高污染、高环境风险性项目。

6.7.1.3 城镇与产业发展主导功能区：优化产业结构，降低单位产值污染物排放强度，继续淘汰和关闭高能耗、高污染的落后工艺、设备和企业，整合和逐步淘汰各类小规模企业，将分散织机统一迁入长兴经济技术开发区。提升纺织、建材、特色轻工三大优势产业，加快发展医药和机电等新兴行业，大力发展节能、降耗、减污环境友好型产业。禁止新建蓄电池、印染以及网箱养鱼等企业，禁止新建矿山开采和石灰石生产项目。

6.7.2 产业结构调整政策

6.7.2.1 引用水源保护小区加快农业种植结构调整，一级保护区实施生态屏障，禁止从事放养禽畜、网箱、投料养殖活动，二级保护区农业结构调整，水田逐步向旱田发展（经济林、花卉苗木等），形成绿色、有机农业产品出产基地。实行异地生态补偿，维护区域生物多样性。

6.7.2.2 夹浦镇加强轻纺、耐火、生物制药、精细化工四大产业结构调整，逐步淘汰污染严重生产企业，加快轻纺业的产品升级。

6.7.2.3 煤山镇积极鼓励蓄电池生产企业逐步从原有的铅酸蓄电池转向环保型、科技型的锂电池和镍氢电池，开发出高能电池和其他电池终端产品，逐步淘汰铅酸蓄电池生产线。鼓励纺织企业购置经编机、喷气织机等中高档生产设备，淘汰工业落后喷水织机。

6.7.3 生态保护与建设

6.7.3.1 加大封山育林执行力度，在新川涧和合溪北涧源头及生态环境脆弱等地区建设防护林，维护地质遗迹的完整性。抓好合溪涧、北涧河道保洁工作，完成合溪涧砌岸护帮工程。加强横齐水库周边山地丘陵植被保护，对保护区坡耕地实行退耕还林，控制水土流失。

6.7.3.2 开展河道清淤疏浚和水环境修复，利用天然或人工库（塘）拦截径流，通过物理、化学以及生物工程措施，净化水体。

6.7.3.3 保护好山体、水体、植被等自然资源和各种人文景观，严禁开山采石取土，严禁乱砍滥伐，建立生态旅游资源，加强旅游设施建设。

6.7.3.4 环太湖开展以河道底泥疏浚和河面水草、垃圾清理为重点的水环境综合治理，同时配以河岸绿化等措施，改善水体环境质量和沿岸景观格局。

7 总结与展望

为实现太湖流域水质目标管理信息化，建设了太湖流域综合数据库，集成了基础地理信息数据（行政边界、流域边界、水系、城镇、道路等信息）、环境背景信息数据（DEM、土壤数据、土地利用/土地覆被数据、河网数据等）、社会经济统计数据、污染普查数据、遥感影像数据、常规水质监测断面数据、水生态功能分区数据、模型参数数据等，通过该数据库有效组织、存储以上各种类型数据，为模型运行和水质目标管理系统提供必要的数据支撑，为了实现数据的有效管理，开发了数据库管理系统，实现了数据的入库、动态更新、元数据管理、数据查询浏览、数据输出和专题产品制图等功能。

在太湖流域综合数据库基础上，综合运用了空间信息组件技术、空间数据库技术和建模环境技术，集成了水生态服务功能评估模型、水环境容量模型、水生态承载力模型、污染负荷核算模型、污染负荷分配模型；按照TMDL水质目标管理技术流程，设计和开发了水质目标管理系统，实现了水生态服务功能定位与评估、污染负荷核算、水环境容量计算和污染负荷分配等功能，结果以文字、报表、专题图等多种形式展示，有很强的可用性，能满足基于水生态功能分区和控制单元的太湖流域水质目标管理需求。在江苏省常州市环保局、宜兴市环保局和浙江省湖州市环保局等七家单位进行了应用示范，取得了良好效果，系统具有进一步推广应用价值。

附录A 水环境容量计算方法

水环境容量是水体在规定的环境目标下所能容纳的污染物的最大负荷，其大小与水体特征、水质目标及污染物降解特性有关。

（1）研究范围及河网概化

由于河网内部河道多而复杂，一般都属天然河道。为了便于计算，首先必须将内部河道进行概化，形成一个有河道、有节点的概化河网。河网概化主要是把一些对水力计算影响不大的小河道进行技术合并，概化成若干条假想的河道，并将天然河道的不规则断面概化成规则的梯形断面。概化后的每一条河段，需要确定以下几个参数：河底宽度、河底高程、边坡系数、糙率及降水（灌溉）宽度、雨区和灌区的划分。太湖模型计算的边界条件分为长江沿线、宜溧山区、太湖边界等。

（2）河网水量模型及参数率定

1）河网水量模型

河道控制方程：描述明渠一维非恒定流的基本方程为一维 Saint-Venant 方程组：

$$\begin{cases} B_T \dfrac{\partial Z}{\partial t} + \dfrac{\partial Q}{\partial x} = q_L \\ \dfrac{\partial Q}{\partial t} + 2U\dfrac{\partial Q}{\partial x} + \left(gA - BU^2\right)\dfrac{\partial Z}{\partial x} - U^2 \left.\dfrac{\partial A}{\partial x}\right|_Z + g\dfrac{n^2 |Q| Q}{AR^{1.33}} = 0 \end{cases} \quad \text{（附 1-1）}$$

式中：t——时间坐标，s；

x——顺河向长度坐标，m；

Q——流量，m^3/s；

Z——水位，m；

U——断面平均流速，m/s；

n——糙率；

A——过流断面面积，m^2；

B——主流断面宽度，m；

B_T——水面宽度（包括主流宽度 B 及仅起调蓄作用的附加宽度），m；

q_L——旁侧入流流量，m^3/s；

n——河床糙率；

R——水力半径，m；

g——重力加速度，m^2/s；

$\left.\dfrac{\partial A}{\partial x}\right|_Z$——水位相同时的沿程变化率。

2）参数率定

上述微分方程组采用四点隐式差分格式数值求解。率定得到的模型糙率值为 0.018～

0.025。

（3）河网水质模型及参数率定

1）基本模型

将平原河网区的河道概化为一维模型要素，其水质模型（耿庆斋等，2003）基本方程的守恒形式如下：

$$\frac{\partial(AC)}{\partial t}+\frac{\partial(UAC)}{\partial x}=\frac{\partial}{\partial x}(AE_x\frac{\partial C}{\partial x})+\frac{AS}{86\,400}+S_w \quad （附 1-2）$$

式中：A——河道的断面面积，m^2；

C——某种水质指标的浓度，mg/L；

t——时间，s；

E_x——纵向分散系数，m^2/s；

U——断面平均流速，m/s；

S——某种水质指标的动力反应项，g/（$m^2\cdot d$）；

S_w——某种水质指标的外部源汇项，g/s。

2）模型参数率定

根据河流水温和不同溶解氧浓度的差异，对参数取值进行适当修正。由于不同的水利分区具有不同的水动力特征，而水动力条件对污染物的迁移和转化会产生一定的影响。因此，结合太湖流域各个水利分区的水动力特征，给定各分区水质参数的取值范围。

（4）水环境容量计算方法

1）基本计算公式

水环境容量 W 具体计算公式如下：

$$W=\alpha_{ij}\times\sum_{i-1}^{n}\sum_{j-1}^{m}W_{ij} \quad （附 1-3）$$

式中：α_{ij} ——不均匀系数；

$\alpha_{ij}\in(0,1]$；河道越宽、水面越大，则α_{ij}越小。

$$W_{ij}=Q_{0ij}(C_{sij}-C_{0ij})+KV_{ij}C_{sij} \quad （附 1-4）$$

W_{ij}为计算中的最小空间计算单元和最小时间计算单元水环境容量。计算中最小空间计算单元为河段（河段为两节点之间的河道，取值范围为 200～1 000 m）；最小时间计算单元为天。

根据确定的边界水文条件，利用研究区域河网水量数学模型，计算出研究区域最小空间单元和最小时间单元的水环境容量值；再根据公式（附 1-3）汇总出各镇区的水环境容量值。

2）往复流地区计算方法

对于往复流地区，采用双向流计算公式，具体如下：

$$W=\frac{A}{A+B}W_{正}+\frac{B}{A+B}W_{反} \quad （附 1-5）$$

式中：A——正向流在计算时间段中的天数；

B——反向流在计算时间段中的天数；

$W_{正}$——正向河流的水环境容量值，具体计算公式为：

$$正向河流：W_{正}=Q_{01}(C_s-C_{01})+K_1V_1C_s+q_1C_s \quad （附 1-6）$$

$W_{反}$——反向河流的水环境容量值，具体计算公式为：

$$反向河流：W_{反}=Q_{02}(C_s-C_{02})+K_2V_2C_s+q_2C_s \quad （附 1-7）$$

（5）水环境容量计算参数确定

1）设计水文条件

根据长序列降雨量资料推求不同水文保证率的典型年，建立太湖流域主要水体的水量数学模型；根据典型年计算区域水利工程的调度资料及边界处在水文保证率条件下的水位或流量，利用模型对各计算河网（或河道区）各河段的设计水文条件进行计算，得到各水环境功能区的设计水文条件。本次环境容量计算年以 1954—2005 年 52 年水文资料为基础，取典型枯水年 1971 年为计算年。P-3 曲线图见附图 1-1。

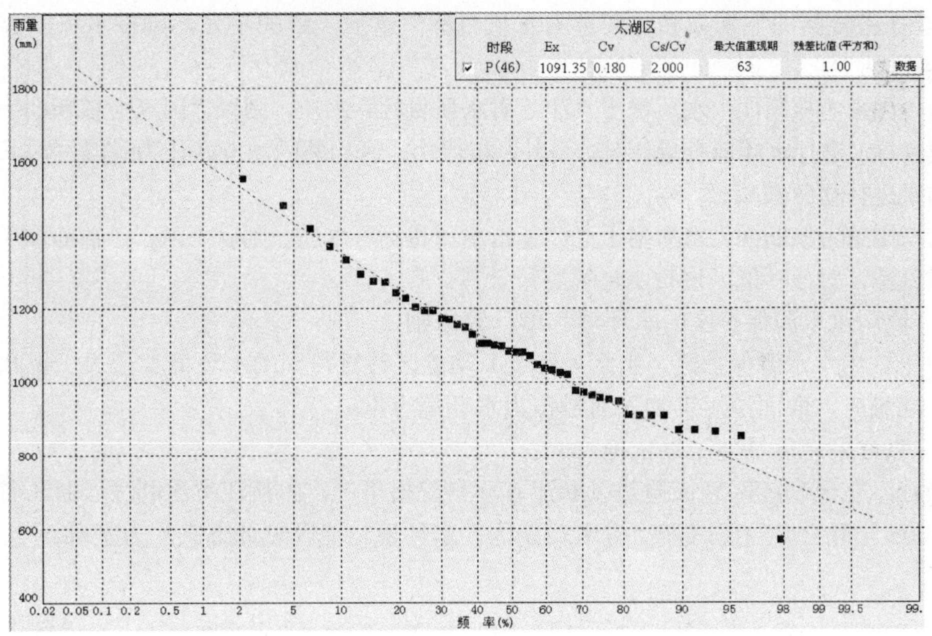

附图 1-1　太湖流域 1954—2005 年 P-3 曲线图

2）不均匀系数的考虑

由于污染物质很难在水体中达到完全均匀混合，故对于公式（附 1-3）计算出来的水环境容量值要进行不均匀系数订正，一般河流越宽、不均匀系数越小；水面面积越大，不均匀系数越小。根据我们的研究成果（水环境容量计算中不均匀系数求解方法的探讨，人民珠江，2002 年第二期，姚国金、逄勇等），一般性河流的不均匀系数取值范围见附表 1-1。

附表 1-1 一般性河流的不均匀系数取值范围

河宽/m	不均匀系数	河宽/m	不均匀系数
<30	0.7～1.0	200～500	0.3～0.4
30～100	0.5～0.7	500～800	0.3
100～200	0.4～0.6	>800	0.1～0.3

（6）水环境功能区划依据

1）江苏示范区功能区划依据

本次水环境容量计算江苏示范区是以 2003 年 3 月 18 日江苏省人民政府苏政复[2003]29 号文正式批复的《江苏省地表水（环境）功能区划》为基础。在此基础上结合环保部受国务院委托和江苏省签订的《江苏省“十一五”水污染物总量削减目标责任书》对考核断面所在功能区水质目标进行修订。

A. 对于“国家考核断面”水质目标的处理原则

“国家考核断面”水质和“江苏省水质目标”水质一致的单元，则按水环境容量计算方法计算。

若“国家考核断面”水质优于“江苏省水质目标”水质，则以“国家考核断面”水质作为水质目标，进行水环境容量计算。另外，与该功能区相邻的功能区作为过渡区对其水环境测算结果进行相应削减。

若“国家考核断面”水质劣于“江苏省水质目标”水质，则以“国家考核断面”水质作为水质目标，对该功能区进行水环境容量计算。

B. 饮用水水源保护区的水环境容量计算原则

对于饮用水水源保护区，当水（环境）功能区计算得到的水环境容量大于现状面源污染物入河量时，取面源污染物入河量作为水环境容量。

2）浙江示范区功能区划依据

浙江示范区功能区划依据是以浙江省环科院提供的，由浙江省水利厅、浙江省环境保护局 2005 年联合发布的《浙江省水功能区、水环境功能区划分方案》为基础。

附录 B 水生态承载力计算方法

水生态承载力指标体系是水生态承载力量化研究的基础，建立科学合理的指标体系直接关系到研究结果的准确性。由于水生态系统是由复杂的多变量组成，因此必然构成一个复杂而庞大的指标体系，问题是如何在这些复杂而庞大的参量中，选择少量的指标组成指标体系，并且这一指标体系能描述系统的规模、发展速度和趋向。基于水生态承载力概念构建的指标体系见附表 2-1。

附表 2-1 基于水生态承载力概念构建的指标体系

指标类型	指标亚类	序号	指标名称	指标解释	单位
水生态指标	水量指标	1	水资源开发利用率	需水量/（水资源量+过境水量）	%
	水质指标	2	最大的水环境容量利用率	Max（污染物入河量/水环境容量）	%
调控指标	人口和经济结构调控指标	3	GDP 增长速度	可比价格	%
		4	人均 GDP 值	GDP/人口数量	万元/人
		5	第三产业占 GDP 比重	第三产业产值/GDP	%
		6	重点污染工业行业比重	（重点污染行业产值）/工业总产值	%
		7	人口增长速度	常住人口	‰
		8	城镇化率	常住人口	%
	用水调控指标	9	单位 GDP 用水量	用水总量/GDP	m^3/万元
		10	工业用水重复利用率	工业重复用水量/工业用水总量	%
		11	亩均灌溉用水量	灌溉用水量/耕地面积	m^3/亩
调控指标	污染治理调控指标	12	污水治理投资占 GDP 比例	（污水设施建设投资+污水治理费用）/GDP	%
		13	农村生活污水处理率	农村生活污水处理量/农村生活污水排放量	%
		14	城镇生活污水处理率	城镇生活污水处理量/城镇生活污水排放排放量	%
		15	单位工业增加值 TN 排放量	工业 TN 排放量/工业增加值	kg/万元
		16	单位工业增加值 TP 排放量	工业 TP 排放量/工业增加值	kg/万元
		17	单位面积化肥施用量	化肥施用量（折纯）/耕地面积	kg/hm^2
承载指标	经济发展指标	18	GDP 总量	可比价	亿元
	社会发展指标	19	人口数量	常住人口	万人

注：1 亩=1/15 hm^2。

目前常用的承载力的评价方法主要有模糊综合评判法、系统动力学法、多目标决策分析法、综合指标法和投影寻踪法等，另外还有主成分分析法、背景分析法、专家评分法、层次分析法等（许有鹏，1993；朱一中，2003；王俊英，2008；胡吉敏，2008）。其中综合指标法是采用统计分析方法选择单项指标或多项指标来反映地区水资源承载能力现状和阈值，如可供水量、可承载的人口数量、地区人均占有水量等。度量指标单一，不需要进行很复杂的数学运算，相应的计算方法简单。

现状承载力的评价是基于研究区现实情况进行的，即假定经济社会的布局、结构、用水效率、污染物排放水平等保持现状不变，现有的生态资源（水资源量、水环境容量）可承载人口规模和经济发展规模。因此，可以采用简单、宏观的评价方法，对现状的基本情况做一个初步判断。

根据水生态承载力的内涵和界定，水生态承载力的承载目标是最大人口数量和经济规模，但人口数量与经济规模之间是相互促进、相互制约和相互关联的。从水质水量角度看，人口增长与经济发展是资源竞争的关系，人口增长带来生活水量的增长，在水资源一定的前提下，经济发展的可利用水量就会减少，从而限制经济规模的增长，故人口数量与经济发展规模存在一定的冲突型，呈现“此消彼长”的变化关系。从可持续发展的角度看，只有保证了一定经济生活水平的人口数量才是符合人类发展要求的。考虑到经济规模和人口数量是相互约束的，且具有一定的可转化性，因此以具备一定生活水平（人均 GDP）的人口数量来表征水生态承载力是合适的，这样既考虑经济规模又考虑了人口数量。

本课题提出的比照方法，是假定社会发展、经济结构、技术水平等均不发生改变的前提下，对现状承载能力进行评价，并与实际的人口数量相比较，判断超载或者负超载的状态。

具体是：

（1）人口结构和生活水平保持不变，即城镇化率和人均 GDP 保持为现状值；

（2）主要部门（工业、农业、畜禽养殖业）规模结构保持不变；

（3）用水效率和排污系数保持不变。

考虑到限制水生态承载力的主要限制因素是水量和水质，所以将水资源量、主要污染物 COD、氨氮、TN 和 TP 作为承载体的关键因子，评价水生态承载力的超载情况。具体是计算关键生态因子（即不同的环境容量）的现状承载能力，并与实际经济总量和人口数量比较，判断承载状态。

水生态承载力（可承载的满足一定人均 GDP 的人口数量）计算公式：

$$P_{car}=\mathrm{GDP}_{car}/\mathrm{GDP}_{per\ cap} \quad \text{（附 2-1）}$$

式中：P_{car}——满足评价年人均 GDP 水平的可承载人口数量，万人；

GDP_{car}——可承载的评价年 GDP 规模，亿元；

$\mathrm{GDP}_{per\ cap}$——人均 GDP，万元/人。

可承载 GDP 的规模受多个承载因子的限制，考虑各承载因子 i 所能承载的 GDP 规模的平均值和最小的承载规模，类比内梅罗污染指数构建了可承载 GDP 规模的综合计算模型：

$$GDP_{car}=\sqrt{\frac{GDP_i^2+GDP_{min}^2}{2}} \quad (附 2\text{-}2)$$

式中：GDP_i——不同生态因子的 GDP 承载规模，亿元；

i=1～5，分别表示不同生态因子（水资源、COD_{Cr}、NH_3-N、TN 和 TP）；

GDP_{min}——最小承载 GDP 规模，亿元。

其中：

$$GDP_i=SUS_i/\varphi_i \quad (附 2\text{-}3)$$

式中：SUS_i——不同生态因子的可利用量；其计算公式：

当 i=1 时，

$$SUS_1=W_{local}+W_{in}+W_{rec}-W_{out}-W_{flo}-W_{eco} \quad (附 2\text{-}4)$$

当 i=2～5 时，

$$SUS_i=ECC_i-MOS_i \quad (附 2\text{-}5)$$

式中：SUS_1——可利用水资源量，亿 m^3；

W_{local}——本地水资源量，亿 m^3；

$W_{in(out)}$——进出的过境水量，亿 m^3；

W_{rec}——中水回用量，亿 m^3；

W_{flo}——泄洪量，亿 m^3；

W_{eco}——生态需水量，亿 m^3；

ECC_i——i 种污染物环境容量，t；

MOS——水环境容量安全余量，t，一般取 5%～10%（本研究取 5%）；

φ_i——不同生态因子的利用强度，i=1～5（代表 COD、NH_3-N、TN、TP）。

在以上水生态承载力计算的基础上，水生态承载指数的计算公式：

$$I=\frac{P_{cur}}{P_{car}} \quad (附 2\text{-}6)$$

式中：I——水生态承载指数，无量纲；

P_{cur}——评价年份的实际人口规模，万人；

其他符合意义同前。

赋予水生态承载指数分级标准，根据承载指数 I 的数值，将其划分为 5 个级别。采用比照方法对现状水生态承载力进行评价（附表 2-2）。

当 $I>1$ 时，说明当前的经济社会发展规模已超出水生态系统可承载的最大规模，处于超载状态；当 $I<1$ 时，说明实际的经济社会发展规模未达到水生态系统最大的可支撑规模；当 I=1 时，说明水生态承载力处于临界承载状态。

附表 2-2　水生态承载力指数分级标准

区间	$I \leqslant 0.9$	$0.9 < I \leqslant 1.1$	$1.1 < I \leqslant 1.5$	$1.5 < I \leqslant 2.0$	$I > 2.0$
承载程度	安全承载	临界承载	轻度超载	中度超载	重度超载

生态承载力模块的功能包括水资源供需功能、污染物入河量计算功能以及相应的水生态承载力指数，通过调整人口增长速度、城镇化年增长率、城镇生活污水处理率年变化、农村生活污水处理率年变化和中水回用率年变化从而得到水资源供需的需水量和水资源可利用量以及污染物入河量。

附录 C　污染负荷核算方法与公式

（1）畜禽养殖业污染负荷核算方法

产污量计算方法（单位：kg/d）：

（ALP_pig_little*periods_pig_little*对应系数+ ALP_pig_big* periods_pig_big*对应系数+ALP_pig_sow*periods_pig_sow *对应系数+ ALP_mc_little*periods_mc_little *对应系数+ ALP_mc_big*periods_mc_ big*对应系数+ ALP_cattle*periods_cattle*对应系数+ ALP _cle_little* periods_cle_little*对应系数+ ALP_cle_big*periods_cle_big*对应系数+ ALP _chicken *periods_chicken *对应系数）/1 000

排污量计算方法（单位：kg/d）：

筛选条件 1：养殖规模

当 SC_pig≥500 或 ALH_mc≥100 或 SC_cattle≥200 或 ALH_cle≥20 000 或 SC_chicken ≥50 000 取规模化养殖排污系数；

当 SC_pig<500、ALH_mc<100、SC_cattle<200、ALH_cle<20 000、SC_chicken<50 000 同时满足，取养殖专业户排污系数。

筛选条件 2：清粪方式（dejecta），1-干清粪；2-水冲清粪；3-垫草垫料

例如：规模化养殖场，dejecta_pig_little 取为 1，该户保育生猪全氮排放=ALP_pig_little*periods_pig_little*3.79；dejecta_pig_big 取为 2，该户育肥生猪全氮排放=ALP_pig_big*periods_pig_big*12.36；dejecta_pig_sow 取为 3，该户妊娠生猪全氮排放=ALP_pig_sow* periods_pig_sow*取为 0。牛和鸡同理运行。该户全氮排放量=（该户保育生猪全氮排放+该户育肥生猪全氮排放+该户妊娠生猪全氮排放+ 小牛+母牛+肉牛+小鸡+产蛋鸡+肉鸡全氮排放）/1 000

入河量计算方法：

总氮入河量=dejecta_pig_little；dejecta_pig_big；dejecta_pig_sow；dejecta_mc_little；dejecta_mc_big；dejecta_cattle；dejecta_cle_little；dejecta_cle_big；dejecta_chicken 字段值为 1 算出的相应全氮排污量总和*0.035+上述字段为 2 时相应全氮排污量总和*0.5

总磷入河量=dejecta_pig_little；dejecta_pig_big；dejecta_pig_sow；dejecta_mc_little；dejecta_mc_big；dejecta_cattle；dejecta_cle_little；dejecta_cle_big；dejecta_chicken 字段值为 1 算出的相应全磷排污量总和*0.035+上述字段为 2 时相应全磷排污量总和*0.5

COD 入河量=dejecta_pig_little；dejecta_pig_big；dejecta_pig_ sow；dejecta_mc_little；dejecta_mc_big；dejecta_cattle；dejecta_cle_ little；dejecta_cle_big；dejecta_chicken 字段值为 1 算出的相应 COD 排污量总和*0.035+上述字段为 2 时相应 COD 排污量总和*0.5

NH_3-N 入河量=dejecta_pig_little；dejecta_pig_big；dejecta_pig_sow；dejecta_mc_little；dejecta_mc_big；dejecta_cattle；dejecta_cle_little；dejecta_cle_big；dejecta_chicken 字段值为 1 算出的相应 NH_3-N 排污量总和*0.035+上述字段为 2 时相应 NH_3-N 排污量总和*0.5

（2）网箱养殖业污染负荷核算方法

产生量=排放量=入河量Σ[（产量-投入量）*对应污染物产污（排污）系数]/1 000

（3）池塘养殖业污染负荷核算方法

产生量=排放量=Σ[（产量—投入量）*对应污染物产污（排污）系数]/1 000

入河量=排污量*0.8

当（产量–投入量）值为负数时取 0

（4）农村生活源污染负荷核算方法

COD 产生量=Σpopulation 字段×农村源 COD 产生系数[取 40g/（人·d）]×365×10^3

氨氮产生量=Σpopulation 字段×农村源氨氮产生系数[取 4g/（人·d）]×365×10^3

总氮产生量=Σpopulation 字段×农村源总氮产生系数[取 12.5g/（人·d）]×365×10^3

总磷产生量=Σpopulation 字段×农村源总磷产生系数[取 1.1g/（人·d）]×365×10^3

COD 排放量=（Σhigh_N_N 字段+Σmiddle_N_N 字段+Σlow_N_N 字段）×农村源 COD 产生系数[取 40g/（人·d）]×365×10^3+（Σhigh_Y_N 字段+Σmiddle_Y_N 字段+Σlow_Y_N 字段）×农村源 COD 产生系数[取 40g/（人·d）]×365×10^3×（排放系数/产生系数）

氨氮排放量=（Σhigh_N_N 字段+Σmiddle_N_N 字段+Σlow_N_N 字段）×农村源氨氮产生系数[取 4g/（人·d）]×365×10^3+（Σhigh_Y_N 字段+Σmiddle_Y_N 字段+Σlow_Y_N 字段）×农村源氨氮产生系数[取 4g/（人·d）]×365×10^3×（排放系数/产生系数）

总氮排放量=（Σhigh_N_N 字段+Σmiddle_N_N 字段+Σlow_N_N 字段）×农村源总氮产生系数[取 12.5g/（人·d）]×365×10^3+（Σhigh_Y_N 字段+Σmiddle_Y_N 字段+Σlow_Y_N 字段）×农村源总氮产生系数[取 12.5g/（人·d）]×365×10^3×（排放系数/产生系数）

总磷排放量=（Σhigh_N_N 字段+Σmiddle_N_N 字段+Σlow_N_N 字段）×农村源总磷产生系数[取 1.1g/（人·d）]×365×10^3+（Σhigh_Y_N 字段+Σmiddle_Y_N 字段+Σlow_Y_N 字段）×农村源总磷产生系数[取 1.1g/（人·d）]×365×10^3×（排放系数/产生系数）

COD 入河量= COD 排放量×入河系数

氨氮入河量=氨氮排放量×入河系数

总氮入河量=总氮排放量×入河系数

总磷入河量=总磷排放量×入河系数

（5）城镇生活源污染负荷核算方法

COD 产生量= Σpopulation 字段×产生系数×365×10^3

氨氮产生量= Σpopulation 字段×产生系数×365×10^3

总氮产生量=Σpopulation 字段×产生系数×365×10^3

总磷产生量=Σpopulation 字段×产生系数×365×10^3

COD 排放量= COD 产生量×（1–污水处理率）×（排放系数/产生系数）

氨氮排放=氨氮产生量×（1–污水处理率）×（排放系数/产生系数）

总氮排放量=总氮产生量×（1–污水处理率）×（排放系数/产生系数）

总磷排放量=总磷产生量×（1–污水处理率）×（排放系数/产生系数）

COD 入河量= COD 排放量×入河系数

氨氮入河量=氨氮排放量×入河系数

总氮入河量=总氮排放量×入河系数

总磷入河量=总磷排放量×入河系数

（6）工业源污染负荷核算方法

COD 产生量=∑COD_C 字段$\times 10^3$

氨氮产生量=∑NH_3_N_C 字段$\times 10^3$

COD 排放量=∑COD_P 字段（筛选条件：waste_water_PF_code 字段不为 E 或 L）$\times 10^3$

氨氮排放量=∑NH_3_N_P 字段（筛选条件：waste_water_PF_code 字段不为 E 或 L）$\times 10^3$

总氮排放量=∑waste_water_P（筛选条件：waste_water_PF_code 字段不为 E 或 L）×总氮排放限值$\times 10^{-3}$

总磷排放量=∑waste_water_P（筛选条件：waste_water_PF_code 字段不为 E 或 L）×总磷排放限值）$\times 10^{-3}$

COD 入河量= COD_P×入河系数$\times 10^3$

氨氮入河量= NH_3_N_P×入河系数$\times 10^3$

总氮入河量= TN_P×入河系数$\times 10^3$

总磷入河量= TP_P×入河系数$\times 10^3$

（7）污水处理厂污染负荷核算方法

COD 排放量= COD_PK$\times 10^3$

氨氮排放量= NH_3_N_PK$\times 10^3$

总氮排放量= TN_PK$\times 10^3$

总磷排放量= TP_PK$\times 10^3$

COD 入河量=COD 排放量

氨氮入河量=氨氮排放量

总氮入河量=总氮排放量

总磷入河量=总磷排放量

附录 D 污染负荷分配方法

(1) 分配体系

污染负荷分配模型设计了三层分配体系逐步对水环境容量进行分配（见附图 4-1）。

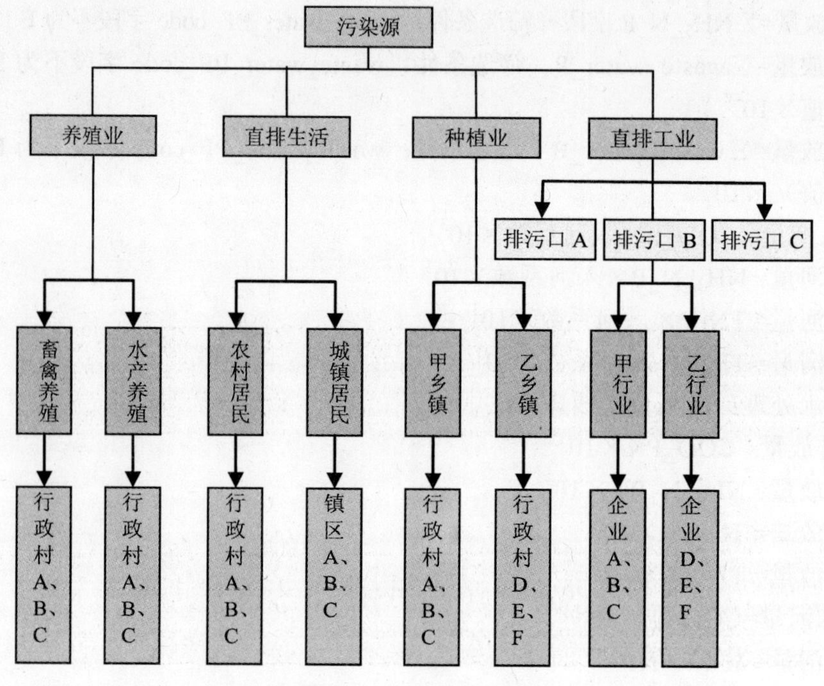

附图 4-1 三层分配示意图

1）第一层分配

主要是对点源（直排工业源）和面源（养殖业源、种植业源、直排生活源）的分配。

①养殖业源

养殖业所产生的废物如果直排水体，对水体危害极大。但是通过建立简易的沼气池或是与周边的农田或果园构造循环农业则不仅增加经济收益，也能够减少对水体的污染。因此，根据区域内规模化养殖的实际情况，如果废物直排，可以通过实施上述措施有效削减污染，如果已经有了上述措施，则基本没有进一步削减污染的余地。

分散的小规模的畜禽或是水产养殖属于面源，基本没有很好的污染削减措施，通过政策引导等方式减少分散养殖可能是唯一可行的办法。

②种植业源

种植业源主要为农田，是典型的面源，施用的各种农药以及肥料都可以经过土壤渗透或是地表径流作用进入水体。此类污染的削减主要有两种方式：一是改种需要肥料或者农药较少的作物；二是通过某些方式提高农药或者肥料的利用效率。

③直排生活源

生活源包括城镇直排生活源和农村直排生活源两类。城镇直排生活源多位于老镇区或集镇，此类污染源虽然属于面源，但是通过接管可实现集中处理。而此方法也是削减此类污染切实可行的方法。农村直排生活源主要通过分散式处理、集中居住区建设进行削减。

④直排工业源

直排工业源指生产所产生的工业废水直接或者在工厂内经过处理后就近排入水体的污染源，将污水输送到集中式污水处理厂的工业源不属此类。此类污染源对环境的影响巨大，往往是上述四类污染源中需要削减的重点，而且不同的行业，同行业不同工艺水平的企业对水环境的影响也不相同。削减此类污染源产生的污染主要有两种手段，一是通过改进生产工艺水平，尽可能实现清洁生产，减少污染的产生；二是通过增加污水处理过程或是改进已有污水处理工艺或是将污水输送到集中式污水处理厂，减少污染的排放。

2）第二层分配

在这一层，对于不同的污染源类型我们采用不同的细分方式。

①养殖业源：将其细分为畜禽养殖和水产养殖两类，再按照两类养殖方式的不同特点进行分配。

②直排生活源：首先将其细分为农村生活源和城镇生活源，再按其特征进行污染削减量的分配。

③种植业源：将第一步种植业源分得的削减量分派到控制单元内的各个乡镇。种植业源不参与第三步的分配。

④直排工业污染源：先将工业源分配的削减量分到各个概化排污口，再后分到不同的行业类别。对于其余的控制单元，忽略概化排污口的分配过程，直接按行业进行分配。行业分类见附表 4-1。

附表 4-1 行业分类表

序号	工业大类	工业细类	备注
1	淀粉工业	淀粉及淀粉制品的制造，谷物磨制	
2	纺织染整工业	棉、化纤印染精加工；丝制品制造；毛纺织；棉及化纤制品制造；纺织服装制造；毛纺织和染整精加工；麻纺织；缫丝加工；毛染整精加工	
3	钢铁工业	钢压延加工；炼钢；炼铁；铁合金冶炼	
4	化学工业 其他排污单位	有机化学原料制造；氮肥制造；其他专用化学产品制造；涂料制造；初级形态的塑料及合成树脂制造；化学农药制造；颜料制造；复混肥料制造；环境污染处理专用药剂材料制造；化学试剂和助剂制造；专项化学用品制造；其他合成材料制造	
5	化学合成类制药工业	化学药品制剂制造；化学药品原药制造	
6	啤酒工业	啤酒制造	
7	肉类加工工业	畜禽屠宰；肉制品及副产品加工	
8	生物工程类制药工业	生物、生化制品的制造	
9	味精工业	味精制造	
10	稀土工业	对应稀土金属冶炼	
11	电镀工业	金属表面处理及热处理加工行业（包含电镀名称的）	
12	铅、锌工业	金属表面处理及热处理加工（行业名称中包含铅、锌名称的）	
13	其他行业	剩余未归并行业	

3）第三层分配

第三层对第二层细分的污染类型进一步细分。

①畜禽养殖：将其细分至各行政村。

②分散养殖：将其细分至各行政村。

③农村直排生活污染源：将其细分至各行政村、集镇。

④城镇直排生活污染源：将其细分至各镇区。

⑤各行业：将其细分至该行业各企业。

（2）分配方案

1）无排污口分配方案

对于没有概化排污口数据的控制单元，直接按三层分配体系依序分配，其具体流程见附图 4-2。

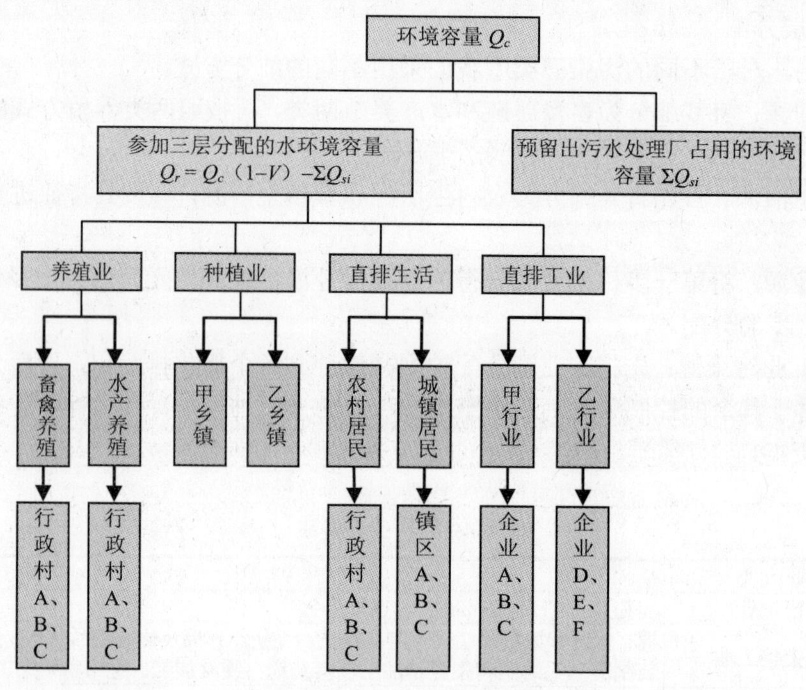

附图 4-2　无排口分配方案

2）概化排口分配方案

概化排污口包含的被概化对象有两类：直排工业源（即企业）和污水处理厂。对于已经计算了概化排污口环境容量的控制单元来讲，我们将各个概化排污口的环境容量 Q_i 按照一定的指标模式分配到其下属的概化对象；同时，也将面源对应的环境容量 Q_m 从剩余的三类污染源（养殖业源、种植业源、直排生活源）开始逐级下分。其具体流程见附图 4-3。

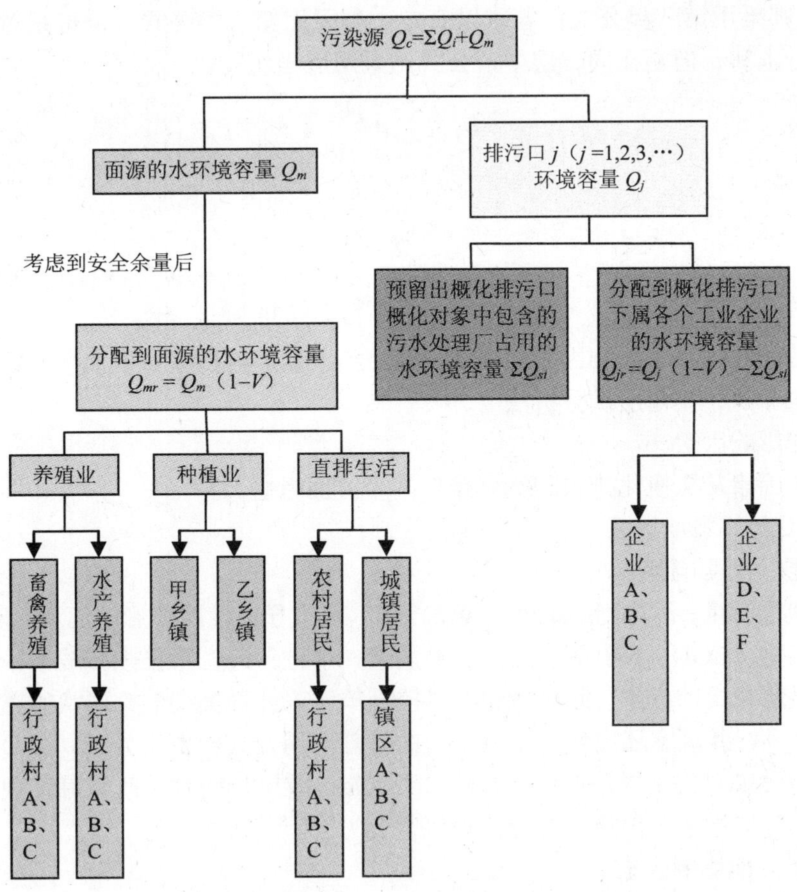

附图 4-3　排口分配方案

（3）分配方法

在现状排污量的基础上，添加环境、经济、社会等各个方面的影响因素，兼顾公平和效益进行分配。指标选择原则为不重不漏及数据的可获得。在三层的分配体系中，各层各类的分配方法是类似的，可以归结为如下：

假设在某一层，需要将污染削减量分配到 n 个方面，影响分配的因素有 m 个，第 i 个因素对分配结果的影响程度为 a_i，其中 $\sum_{i=1}^{m} a_i = 1$。

第 i 个因素在第 j 个方面可以量化或货币化的实际值为 B_{ij}，则第 j 个方面污染削减量的分配比例 b_{ij} 可以通过以下公式计算：

$$b_{ij} = \frac{B_{ij}}{B_{ij0}} \tag{附 4-1}$$

$$b_{ij} = \frac{B_{ij}}{\sum_{j=1}^{n} B_{ij}} \tag{附 4-2}$$

在这一步中，根据考虑因素的具体情况，若其平均值 B_{ij} 有据可查（如行业平均经济产值之类），则采用第一类公式；若难以查定，则采用第二类公式，分母是对分配涉及的所有对象进行求和，但是在同一层中，公式的采用应当统一。

$$E_j = \sum_{i=1}^{m} a_i b_{ij} \tag{附 4-3}$$

$$e_j = \frac{E_j}{\sum_{j=1}^{n} E_j} \tag{附 4-4}$$

上述方法的关键在于影响因素的选择，以及各因素影响程度 a_i 的确定。其中 a_i 的确定可以通过德尔菲法、模糊层次分析法等。

（4）分配影响因素

分配影响因素从无概化排口和概化排口两个方面考虑。

1）无概化排口影响因素

①第一层分配影响因素

选取现状排污量、污染削减成本、经济产值、政策导向性四个影响因素。现状排污量：某种类型污染物（COD、NH_3-N）的现状排放量，单位：t/a；污染削减成本：某种类型污染削减单位量所花费的成本（此成本需在对控制单元内此种类型污染现状的充分了解的基础上估算，并且，此成本还应包括削减实现的管理费用及其他费用），单位：元/t；经济产值：某种类型污染对应的经济产值，单位：万元/a；政策导向性：政策对某种类型污染削减的导向性（导向性大小拟通过打分或评级得到），无单位。

②第二层分配影响因素

a）养殖业源影响因素包括：现状排污量、经济产值、危害程度系数三个影响因素。

现状排放量：某种类型污染物（COD、NH_3-N）的现状排放量，单位：t/a；

经济产值：某种类型污染对应的经济产值，单位：万元/a；

危害程度系数：养殖业源排放的污染物对周围环境危害程度的表征系数，无单位。

b）直排生活源影响因素包括：现状排污量、污染物入河系数两个影响因素。

现状排放量：某种类型污染物（COD、NH_3-N）的现状排放量，单位：t/a；

污染物入河系数：进入功能区水域的污染物量占污染物排放总量的比例即为污染物入河系数见附表 4-2。

附表 4-2 太湖流域各类污染源污染物的入河系数表

入河系数	城镇生活	农村生活
COD	0.6～0.9	0.1～0.2
NH_3-N	0.6～0.9	0.1～0.2

c）种植业源影响因素包括：同一个控制单元内，平均的农药施用程度和灌溉条件相差无几，直接以现状排放量因素进行分配。

d）直排工业源影响因素包括：选取现状排污量、污染削减成本、万元产值 COD/氨氮排放量、政策导向、人力资源容纳能力五个影响因素。

现状排污量：某类行业的现状排污量，单位：万 t/a；

污染削减成本：某类行业削减单位污染量所花费的成本（以此类行业处理污染的平均工艺水平考虑），单位：元/t；

万元产值 COD/氨氮排放量：每一万元产值所排放的污染物量，单位：t/万元；

政策导向性：政策对某类行业污染削减的导向性（导向性大小拟通过打分或评级得到），在这一项中，对五类重点企业进行重点考虑，无单位。

人力资容纳能力：某类产业是否能提供较多的就业岗位，能多大程度上分担就业压力，可用该产业从业人数来表征，单位：人。

③第三层分配影响因素

a）种植业源、养殖业源、直排生活源

养殖业源和生活源的第三层分配选用的指标包含两个方面：现状排污量和涉及对象的个数（畜禽、水产量或人数）。

b）直排工业源影响因素包括：在不同企业这一层次进行污染削减分配时，对同行业的企业，若企业的生产工艺水平相近，区位因素相近，可以直接按企业的现状排污量等比例分配。若不相同，分配时拟选取现状排污量、污染削减成本、区位因素三个影响因素。

现状排放量：某企业（COD/氨氮）的现状排污量，单位：t/a；

万元产值 COD/氨氮排放量：某企业每一万元产值所排放的污染物量，单位：t/万元；

区位因素：根据企业的实际区位考虑其对分配结果的影响程度（拟以其距生态敏感点之间的距离为参照采用打分或评级得到），无单位。

2）概化排口影响因素

①面源影响因素：种植业源、养殖业源和直排生活源影响因素参照无概化排口影响因素。

②点源影响因素：对于控制单元内的各个概化排污口，预留出其概化对象中包含的污水处理厂所占用的环境容量以及安全余量之后，再将剩余的环境容量分配到工业企业的过程中，因为略去了工业源次层——企业层的分配，现将工业源第二层和第三层的影响因素进行整合，作为在这一步在企业间进行分配的指标。结果如下：

现状排污量：某类行业的现状排污量，单位：万 t/a；

污染削减成本：某类行业削减单位污染量所花费的成本（以此类行业处理污染的平均工艺水平考虑），单位：元/t；

万元产值 COD/氨氮排放量：某企业每一万元产值所排放的污染物量，单位：t/万元；

政策导向性：政策对某个工业企业所属的某类行业污染削减的导向性（导向性大小拟通过打分或评级得到），在这一项中，对五类重点企业进行重点考虑，无单位。

区位因素：根据企业的实际区位考虑其对分配结果的影响程度（拟以其距生态敏感点之间的距离为参照采用打分或评级得到），无单位。

参考文献

[1] 柴成果，姚党生. 2005. 黄河流域水环境现状与水资源可持续利用. 人民黄河，（3）：38-40.

[2] 陈述彭，鲁学军，周成虎. 2000. 地理信息系统导论.北京：科学出版社.

[3] 程文. 2005. 地理信息系统在资源环境评价与管理中的应用明.地理空间信息城市环境地理信息系统建设与研究测绘通报，3（1）：40-46.

[4] 丁贤荣，徐健，姚琪，等. 2003.GIS 与突发事故的水污染突发事故时空模拟. 河海大学学报：自然科学版.

[5] 董志颖，李兵. 2002.水质预警理论初探. 水资源研究.

[6] 杜培军，郭达志，方涛. 2003.GIS 在开采沦陷领域应用与专业模型的结合. 武汉大学学报：信息科学版.

[7] 傅肃性. 2001. 地理信息系统的理论与应用发展. 地理科学进展，20（2）：192-199.

[8] 耿庆斋，张行南，郭亨波，等. 2003. 地理信息系统与一维水质模型的集成开发. 环境科学与技术.

[9] 韩涛. 2005. 基于 GI 的水质管理信息系统研究.西安：西安理工大学.

[10] 何进朝，李嘉，黄文典，等. 2004.基于 GIS 的水质动态管理系统研究. 水电站设计，20（4）：30-34.

[11] 侯英姿，陈晓玲，王方雄. 2008. 基于 GIS 的水环境价值模糊综合评价研究. 地理科学.

[12] 胡振鹏，傅春，金腊华. 2003. 水资源环境工程.南昌：江西高等学校出版社.

[13] 李本纲，陶澎. 1998. 地理信息系统在环境模型研究中的应用.环境科学，19（3）：87-90.

[14] 李旭祥. 2003. GIS 在环境科学与工程中的应用.北京：电子工业出版社.

[15] 李玉轩，王玉明. 2002. 城市空气污染预报预警系统的研究. 山西师范大学学报环境科学.

[16] 李重荣. 2003. 流域污染负荷与水质变化预测研究. 武汉：武汉大学出版社.

[17] 梁博，王晓燕. 2004. 最大日负荷总量计划在非点源污染控制管理中的应用. 水资源保护，(4)：37-44.

[18] 林巍，郭京菲，傅国伟. 1997. 淮河流域省界水质标准的确定. 中国环境科学，（1）：10-14.

[19] 刘木生，林联胜，郭秋忠. 2008. 基于 GIS 的生态功能分区技术方法刍议. 江西农业报，20（10）：111-113.

[20] 刘书俊，赵文昌. 2005. 黄浦江水污染及防治对策探究. 环境科学与技术，（5）：23-25.

[21] 毛晓文. 2005. 江苏省水环境状况及水污染控制措施研究. 南京：河海大学.

[22] 孟伟，高吉喜，等. 2004. GIS 技术在环境资源工作中的应用与发展. 地理信息世界，2（5）：19-22.

[23] 孟伟，刘征涛，张楠，等. 2008. 流域水质目标管理技术研究（II）——水环境基准、标准与总量控制.环境科学研究，21（1）：1-7.

[24] 孟伟，张楠，张远，等. 2007. 流域水质目标管理技术研究（I）——控制单元的总量控制技术.环境科学研究，20（4）：1-8.

[25] 孟伟，张远，郑丙辉. 2006. 水环境质量基准、标准与流域水污染总量控制策略.环境科学研究，19（3）：1-6.

[26] 彭盛华，赵俊琳，翁立达. 2002. GIS 网络分析技术在空气污染预报追踪中的应用. 水科学进展.

[27] 彭希珑，朱百鸣，何宗健. 2004. 河流水质预警预报模型的进展.江西化工，3：37-42.

[28] 乔翠玲. 2006. 基于 GIS 平原河网地区水环境管理系统的研究和开发. 南京：河海大学.

[29] 冉圣宏，陈吉宁，刘毅. 2004. 区域水环境污染预警系统的建立.上海环境大学学报：社会科学版.

[30] 史架生，等. 2003. 流溪河水资源管理与水质预测系统的开发与研究.人民珠江.

[31] 石明奎，覃伟怡. 2005. 珠江上游农业区域生态现状及生态安全预警系统的可行性研究. 贵州民族研究.

[32] 土晓玲，段文泉，陈夺峰. 2005. 流域水环境管理信息系统及可视化技术应用研究.水利水电技术，(4)：14-17.

[33] 万本太. 1996. 突发性环境污染事故应急监测与处理处置技术. 北京：中国环境科学出版社.

[34] 魏文达. 2000. 江河水污染预警预报系统建设模式的探讨. 广西水利水电，(3)：4-8.

[35] 吴承业. 2005. 环境保护与可持续发展. 北京：方志出版社.

[36] 吴信才. 2009. 地理信息系统原理与方法. 北京：电子工业出版社.

[37] 武发东，等. 2001. 地理信息系统基本原理. 北京：电子工业出版社.

[38] 谢刚，彭岩波，李必成，等. 2006. TMDL 计划与小流域污染综合治理思路的研究——以南水北调东线山东段治为例.农机化研究，(5)：189-192.

[39] 邢乃春，陈捍华. 2005. TMDL 计划的背景、发展进展及组成框架.水利科技与经济，11(9)：534-537.

[40] 徐富春，等. 2005. 环境信息技术应用与管理实践. 北京：化学工业出版社.

[41] 杨龙，王晓燕，等. 2008. 美国 TMDL 计划的研究现状及其发展趋势. 环境科学与技术，31(9)：72-76.

[42] 杨文龙. 2002. 滇池水环境容量模型研究及容量计算结果. 南京环境科学，21 (3)：20-23.

[43] 姚焕玫. 2005. 基于 GIS 技术的湖泊水质污染综合评价的研究. 武汉：武汉大学.

[44] 叶兴平，张玉超. 2008. TMDL 计划在污染物总量控制中的应用初探.环境科学与管理，33 (8)：13-16.

[45] 尹海龙，徐祖信. 2005. 可视化黄浦江水环境数学模型系统设计与开发.环境污染与防治，2：18-24.

[46] 曾凡棠，陈铣成，林奎，等. 1999. 珠江流域（下游三角洲区）水质管理系统开发研究. 环境保护科学技术研究成果公报.

[47] 章莹. 2007.千方百计确保居民用水，全力以赴实现太湖变清. 无锡日报.

[48] 张清宇，川伟利，等. 2005. 环境管理信息系统.北京：化学工业出版社.

[49] 赵玉霞，等. 2000. GIS 技术及其在区域水环境管理中的应用.水科学进展，11 (3)：339-344.

[50] 张正禄，莫登华，姜贤瑞. 2003. 河道地理信息系统的设计与实现.测绘工程，12 (4) .

[51] 朱兴东. 2007.太湖流域河流污染及修复维护对策. 维普咨询.

[52] 左一鸣，丁贤荣，崔广柏. 2004. 基于 GIS 的水环境评价系统研制田.计算机与现代化.

[53] Bouraoui F，Vachaud G，Haverkamp R. 1997. A GIS integrated distributed approach for nonpoint source pollution modelling.Sustainability of Water Resource Under Increasing Uncertainty，240：377-384.

[54] Bhuyan S J，Marzen L J.2002. Assessment of runoff and sediment yield using remote sensing，GIS，and AGNPS .Soil and Water Conservation，57 (6)：351-364.

[55] Choi J Y，Engel B A，Harbor J . 2002. GIS and Web-Based DSS for Preliminary TMDL Development//Total Maximum Daily Load(TMDL)：Environmental Regulations：Proceedings，Fort Worth，Texas，USA，March 11 - 13，477 - 484.

[56] Corwin D L，Wagenet R J. 1996. Application of GIS to the Modeling of Non-point Source Pollution in the Vadose Zone：A Conference Overview. Environmental Quality，25 (3)：403-411.

[57] David W Dilks，Paul L Freedman P E，A M ASCE. 2004. Improved consideration of the margin of safety in total maximum daily load development. Journal of Environment Engineering，（6）：600-694.

[58] DennisL，Corwin，et al.. 1998. Nonpoint pollution modelling based on GIS .Soil and Water Conservation，1：75-88.

[59] Di Luzio M，Arnold J G，Srinivasan R.，2005. Effect of GIS Data Quality on Small Watershed Stream Flow and Sediment Simulations. Hydrological Processes，19（3）：629 - 650.

[60] Engel B A，Srinivasan R，Arnold J，et a1.. 1993. Nonpoint source pollution modelling using models integrated with GIS .J Water-sci-techno1，28：685-690.

[61] Erik W H，Toorn W H. 2002. Culture and the adoption and use of GIS within organisations. International Journal of Applied Earth Observation and Geoinformation，41（6）：51-63.

[62] Fraser A S，Hodgson K. 1995. Outline of an environmental information system . Environmental Monitor Assess，（36）：207-216.

[63] Hanzlik J E，Munster C L，Mcfarland A，et al.. 2004. GIS Analysis to Identify Turf grass Sod Production Sites for Phosphorus Removal. Transactions of the ASAE，47（2）：453 - 461.

[64] Huang B，Liu N，Chandramouli M. 2006. A GIS supported Ant algorithm for the linear feature covering problem with distance constraints. Decision Support Systems，42（2）：1063-1075.

[65] Joseph V DePinto，Paul L Freedman，et al.. 2004. Models Quantify the Total Maximum Daily Load Process. Journal of Environment Engineering，（6）：703-713.

[66] Lant C L，Kraft S E，Beaulieu J，et al.. 2005. Using GIS Based Ecological Economic Modeling to Evaluate Policies Affecting Agricultural Watersheds. Ecological Economics，55（4）：467 - 484.

[67] Leung，Yee，et al.. 1998. An Environment Decision Support System for Tidal Flowand Quality Analysis in the Pearl River Delta. Proceedings of International Conference on Modeling Geographical and Environmental Systems with Geographical lnformation Systems，Hong Kong.223-228.

[68] Moffat t I，Hanley N，Hallett S. 1991. A framework for monitoring，modeling and Managing water quality in the forth estuary，soctland.Journal of Environmental Management，33：311-325.

[69] USEPA. Models in Environmental Regulatory Decision Making：22-25.

[70] Williams M R，Fisher T R，Boyntonw R，et al.. 2006. An Integrated Modeling System for Management of the Patuxent River Estuary and Basin，Maryland，USA. International Journal of Remote Sensing，27（17）：3705 - 3726.

[71] Xu Z X，Ito K，Schultz G A，etc. 2001. Integrated hydrologic modeling and GIS in water resources management. Civil Engineering.